ABTT - Associação Brasileira de Técnicos Têxteis

Blucher

Comissão Organizadora do Cinquentenário

Waumy Corrêa da Silva – **Presidente**
Bruno Cezar Almada Modesto Lima
Deyse Lucidi do Carmos

ABTT

e a Indústria Têxtil

50 Anos de História da ABTT

Diretoria da ABTT – Gestão 2011-2013

Reinaldo Aparecido Rozzatti – Presidente
João Carlos Lebre – Vice-Presidente
Erivaldo José Cavalcanti – Diretor Secretário
Nelson Pereira Junior – Primeiro Secretário
Antonio César Corradi – Diretor Tesoureiro
José Claudio França – Primeiro Tesoureiro
José Roberto Gennari – Diretor de Eventos

ABTT e a indústria têxtil: 50 anos de história da ABTT

Blucher

Rua Pedroso Alvarenga, 1245, 4º andar
04531-012 - São Paulo - SP - Brasil
Tel.: 55 11 3078-5366
contato@blucher.com.br
www.blucher.com.br

Segundo Novo Acordo Ortográfico, conforme 5. ed.
do *Vocabulário Ortográfico da Língua Portuguesa*,
Academia Brasileira de Letras, março de 2009.

FICHA CATALOGRÁFICA

Silva, Waumy Corrêa da
ABTT e a Indústria Têxtil: 50 anos de História da ABTT / Waumy Corrêa da Silva, – São Paulo: Blucher, 2012

ISBN 978-85-212-0702-3

1. Indústria Têxtil. 2. Moda. 3. Indústria Têxtil – Brasil – História. I. Título II. Associação Brasileira de Técnicos Têxteis

12-0204 CDD 338.47677

Índices para catálogo sistemático:
1. Indústria Têxtil – Brasil – História 338.47677

Conteúdo

Apresentação

Neste ano que a ABTT – Associação Brasileira de Técnicos Têxteis completa cinquenta anos de fundação com ininterrupta atuação, é com elevado orgulho que apresentamos esta obra, procurando contar um pouco da história têxtil e da moda.

É sabido que nenhuma associação vive e se mantém por si só. Todas dependem exclusivamente dos que a compõem e dirigem. As ações de seus dirigentes podem levar ao sucesso ou ao fracasso.

A ABTT é diferente. Poucas associações completam meio século de existência com atividades ininterruptas e continuam reconhecidas, como é o caso da ABTT, tudo isso graças ao empenho e dedicação dos que a dirigiram e continuam trabalhando para manter a ABTT à testa de eventos já cinquentenários.

Também é importante ressaltar que esse sucesso se deve a quem sempre esteve prestigiando as ações da ABTT, nossos eternos parceiros como a ABIT – Associação Brasileira da Indústria Têxtil e de Confecção, além de centenas de indústrias e entidades de ensino, que não nominaremos para não cometer a injustiça de não citar alguma. A todas só temos a agradecer.

Neste livro, são citados fatos e depoimentos de muitos que participam ativamente da ABTT, só lamentamos que parte dos que convidamos a depor não responderam aos nossos convites.

Problemas e percalços houveram, mas foram sobrepujados pela determinação e foco somente nos interesses da Associação, daqueles que realmente se dedicaram ao engrandecimento da ABTT, deixando metas e interesses pessoais de lado.

Porém, a ABTT é maior que todos, e graças ao empenho de muitos, segue seu rumo, ampliando sua área para fora do cenário nacional, participando de eventos internacionais, como ITMF – Brasil, ITMA Barcelona – 2011, VDMA – Alemanha, UBIFRANCE, entre outros tantos.

Temos absoluta confiança nas gerações que estarão no comando da ABTT, continuando neste caminho de sucesso, com muito trabalho e dedicação.

Aproveitamos para cumprimentar, na comemoração destes 50 anos, aqueles que 50 anos atrás fundaram a associação e aos que nestes 50 anos deram o melhor de si para que a ABTT continuasse crescendo e chegasse onde hoje está dentro da cadeia têxtil e de confecção brasileira.

Parabéns ABTT, pelo seu Cinquentenário.

Rio de Janeiro, 2 de novembro de 2012

REINALDO APARECIDO ROZZATTI
Presidente da ABTT

WAUMY CORRÊA DA SILVA
Presidente da Comissão do Cinquentenário

Prefácio

Cinquenta anos de preciosa contribuição

O cinquentenário da ABTT (Associação Brasileira de Técnicos Têxteis) é um marco de extrema relevância na história do associativismo brasileiro. Trata-se de uma das organizações que oferecem maior colaboração ao desenvolvimento do seu setor de representatividade. É notável a sua capacidade de articulação e a eficácia com que cumpre sua missão de promover a constante troca de ideias e experiências entre os associados e profissionais do Brasil e do exterior.

Também é muito significativo o intercâmbio promovido pela ABTT com instituições correlatas, nacionais e estrangeiras, constituindo-se em polo de conhecimento, informação e fomento técnico do mercado. A entidade desempenha esse importante papel com excelência, pois reúne as experiências e os expertos da indústria têxtil e de confecção. O seu concorrido congresso, que promove periodicamente com elevada competência, é um bom exemplo de sua capacidade de disseminar conhecimento. O evento, cada vez mais destacado no calendário nacional e internacional do setor, tem programação de alto nível, com palestrantes do Brasil e do exterior.

A ABTT, como se percebe, presta relevantes serviços ao mercado, à sociedade e ao País, ao contribuir para que a informação, o bem mais precioso de nosso tempo, seja um fator estratégico para o desenvolvimento de nossa atividade, um dos segmentos que mais empregos e renda geram no contexto da indústria de transformação nacional. Não é sem razão, portanto, que todos os técnicos têxteis, como eu, e profissionais que integram ou interagem com a entidade tenham imenso orgulho de sua profissão e grande apreço pelo trabalho por ela realizado.

Podemos afirmar com a mais absoluta convicção que os 50 anos da ABTT representam uma conquista de extremo significado para a indústria têxtil e de confecção do Brasil. A entidade fez muito pelo setor e, com certeza, contribuirá cada vez mais para o seu desenvolvimento e grandeza!

Aguinaldo Diniz Filho
Técnico Têxtil

Presidente da ABIT
(Associação Brasileira da Indústria Têxtil e de Confecção),
do Conselho Técnico Administrativo do SENAI/CETIQT
e da Cedro Têxtil.

De lembrança em lembrança: construindo a memória da ABTT

María Liliana Inés Emparan Martins Pereira

Comemoração significa trazer à memória, fazer recordar. Pressupõe, portanto, memória compartilhada. Assim, comemorar os 50 anos da **ABTT– Associação Brasileira de Técnicos Têxteis** implica o resgate de sua história, não apenas oficial e documental, ou seja, pública, mas a que compõe o universo particular dos seus associados, os relatos e as vivências de um grupo de profissionais de tão variadas formações, como as que fazem parte desta associação: técnicos, tecnólogos, graduados, comerciantes, designers, estilistas etc.

Para tanto, ouvimos as histórias de alguns dos seus componentes, como Luiz Barbosa da Fonseca Lima, João Luiz Martins Pereira, Julio Caetano Horta Barbosa Cardoso, Reinaldo Aparecido Rozzatti, Ricardo da Silva Haydu e Waumy Corrêa da Silva. As entrevistas foram realizadas em períodos diferentes, entre 2006 e 2012.

Consideramos importante também compreender o objeto em torno do qual a associação se constituiu que é o segmento têxtil, cadeia formada por amplos setores da população que incluem elementos diversos, tais como: matéria-prima, indústria, criação, confecção e comercialização dos produtos têxteis.

Neste cenário tão vasto, focaremos o tecido, matéria-prima da vestimenta do ser humano, desde os primórdios da civilização. Tentaremos analisar a importância desse produto, elemento que compõe o cotidiano das pessoas em um leque de utilidades extremamente amplo, mas, principalmente, na roupa.

Citamos, para tanto, John Carl Flügel, pesquisador que escreveu "Sobre o valor afetivo das roupas":

> Os antropólogos nos dizem que as roupas têm três funções principais, que correspondem às necessidades de decoração, de proteção e de pudor. Os psicólogos que abordam os problemas do vestuário (...) advertiram inicialmente que de suas três funções, duas – a decoração e o pudor – são de natureza puramente psicológica e que a terceira – a proteção – mesmo parecendo à primeira vista um assunto da fisiologia, corresponde ela também, a necessidades não somente do corpo, mas também da alma. Notaram, em seguida, que há aí uma relação ambivalente entre duas funções psíquicas. O pudor e a decoração têm suas origens nos instintos opostos e nos conduzem a ações contrárias.[1]

---

1 Artigo publicado pela Revista *Psyché – Revista de Psicanálise*, São Paulo, ano XII, n. 22, p. 13-26, jan--jun, 2008.

A RELEVÂNCIA DO MUNDO TÊXTIL

A história da relação entre os seres humanos e o tecido se confunde com o próprio processo de humanização. Desde os primórdios da civilização, quando o homem se estabeleceu em grupos, começou a fiar e produzir tecidos. Inicialmente, utilizou fibras naturais como algodão, linho, lã, seda e, mais recentemente, fibras artificiais.

Acreditamos que, tão importante quanto a produção de alimentos e a criação de rebanhos, a produção têxtil tenha sido fundamental para a nossa humanização, o que nos diferenciou radicalmente dos outros animais.

É por esta razão que pensar a diferença entre os homens e os outros animais seja tão instigante. O grande diferencial, então, seria a inteligência? A capacidade de falar e se comunicar? A possibilidade de fazer história? A consciência sobre a vida e a morte?

Ousaremos ao acrescentar que existe outra diferença – para além das acima citadas – que torna o homem peculiar: a possibilidade de sentir vergonha de si, de seu corpo, da sua nudez e da alheia e, para tanto, precisar se cobrir/descobrir, esconder/revelar a sua sexualidade, a sua desproteção, sua fragilidade em relação aos outros animais. Assim, nascemos nus, mas imediatamente nos cobrem como expressão do carinho, do cuidado e da proteção.

No capítulo 3 do Gênesis, vemos sintetizada essa complexidade da roupa–tecido como proteção–exibição, funcionando como uma segunda pele, para além do corpo físico que, parece fazer nos esquecer de nossa condição animal. E, mais além, como memória de uma *proibição* que impele à transgressão...

(...). *Então foram abertos os olhos de ambos, e conheceram que estavam nus; pelo que coseram folhas de figueira, e fizeram para si aventais.* E, ouvindo a voz do Senhor Deus, que passeava no jardim à tardinha, esconderam-se o homem e sua mulher da presença do Senhor Deus, entre as árvores do jardim. Mas chamou o Senhor Deus ao homem, e perguntou-lhe: Onde estás? Respondeu-lhe o homem: *Ouvi a tua voz no jardim e tive medo, porque estava nu; e escondi-me. Deus perguntou-lhe mais: Quem te mostrou que estavas nu? Comeste da árvore de que te ordenei que não comesses?* (...) *E o Senhor Deus fez túnicas de peles para Adão e sua mulher, e os vestiu.*

Surge, assim, o tecido como envoltório humano que protege do clima, a intempérie, a finitude, o medo e os olhares do outro que destacam a sua diferença; ambivalentemente, o tecido também revela e expõe o eu–outro, atraindo o olhar.

Pascale Navarri[2], estudiosa do tema sintetiza aqui sua importância:

> Porque, deixando de lado as diferencias corporais (tamanho, corpulência, cor da pele, etc.), é a partir das roupas que vestimos que os que nos veem formam as suas primeiras impressões ao nosso respeito. Trata-se de uma troca de olhares, troca em que está em jogo a necessidade mais ou menos absoluta e mais ou menos urgente, conforme a história de cada um, de ser notado, identificado, diferenciado e até mesmo admirado ou invejado (2010, p. 33).

Todavia, o homem como ser da cultura cria e recria infinitamente a forma como deseja aparecer e ser visto pelo outro: eis que surge a moda.

A moda, capítulo a parte pela sua importância para a cadeia têxtil, retrata fielmente a nossa necessidade de diferenciar-nos do outro por meio do potencial criativo, mas revela também a nossa fragilidade e finitude: nada mais efêmero que a moda, simbolizando, a todo momento, o novo.

Pascale Navarri (2010) estabelece, no trecho a seguir, claramente a relação entre corpo, olhar e moda:

> Ora, a juventude do corpo é um tecido destinado a se estragar e o primeiro objetivo da moda é evitar isso: desconectar-se do tempo biológico e substituí-lo por uma juventude eterna, iludida pelo mundo fashion que se alimenta de artificialidade (p. 196).

2 No seu livro *Moda & inconsciente*, publicado pelo SENAC, a autora faz uma original análise sobre o mundo da moda.

O tecido e a roupa (re) produzem tantas simbologias que até os famosos contos de fadas se servem deles: Chapeuzinho Vermelho, Cinderela, As Roupas Novas do Imperador, entre outros, mostram a interferência e o valor da vestimenta na imagem do outro e na própria, assim como, nas frágeis relações estabelecidas pelos seres humanos.

O tecido é usado na decoração, no vestuário, na mobília, no transporte etc. marcando e (de)limitando as diferenças sexuais, sociais, geracionais, temporais, econômicas, políticas, culturais, identitárias[3] etc., revelando a cadência dos movimentos das sociedades ao longo da história. No caso do Brasil, sabe-se que a indústria têxtil começa com a confecção de tecidos rústicos de algodão e juta, utilizados para vestir escravos e pessoas humildes, assim como para ensacar o açúcar, o café e outros produtos.[4]

Posteriormente, com o avanço no processo de industrialização têxtil, à mulher passa a ter uma estreita participação no universo têxtil. Na verdade, essa relação começa nos primórdios da história humana, onde geralmen-

3 É interessante lembrar como a vestimenta demarca funções. Por exemplo: os uniformes sejam escolares, empresariais ou de exército; no caso das religiões, as diferenças de autoridade, ou na medicina, no direito, o que ajuda socialmente na sua identificação.

4 Aqui fazemos referência a dois livros que trazem maiores detalhes sobre este processo. Trata-se de *150 anos da indústria têxtil brasileira* (Rio de Janeiro: SENAI-CETIQT), *Que chita bacana* (São Paulo: Editora A Casa) e *Tecidos- História, Tramas, Tipos e Usos* (Editora SENAC, São Paulo).

te pertencia à mulher a função de fiar e tecer, e posteriormente, pela quantidade de mulheres que passam a trabalhar nas fábricas têxteis, desenvolvendo essa importante indústria. A criação do próprio Dia Internacional da Mulher tem seu ponto de partida em uma iniciativa da jornalista Clara Zetkin e, posteriormente, é instaurado como uma lembrança e homenagem às mulheres mortas em uma fábrica têxtil.[5]

Não pretendemos aqui falar sobre a história da indústria têxtil e da vestimenta, e sim, pensar qual a importância de uma associação como a ABTT, que conta com um amplo leque de profissionais que pensam, vivem e fazem parte da chamada cadeia têxtil.

É aqui que começa a história de 50 anos da Associação Brasileira de Técnicos Têxteis.

5 Clara Zetkin nasceu em 1857, em Wiederau, Alemanha, pequena cidade onde a principal atividade era a indústria têxtil. Ativista incansável, escrevia em jornais e revistas em prol da causa feminina. Em Copenhagen, no ano 1910, durante o II Congresso Internacional de Mulheres Socialistas, por iniciativa de Clara Zetkin, mulheres vindas de 17 países adotaram a proposição de criar um "Dia Internacional da Mulher". Seis dias mais tarde, no sábado 25 de Março de 1911, ocorreu o trágico incêndio da fábrica de camisas Triangle, em Washington Place, Nova York. Cento e vinte e nove trabalhadoras, jovens imigrantes italianas e judias, morreram em virtude da falta de segurança nas instalações. Essa tragédia – e as terríveis condições em que ocorreu – passou a ser sempre lembrada por ocasião das celebrações do Dia Internacional da Mulher, oficialmente fixado em 8 de Março pela Assembléia Geral da ONU, a partir de 1975.

A IMPORTÂNCIA DA MEMÓRIA DA ASSOCIAÇÃO

Na idade média, existiam os cronistas que relatavam acontecimentos cotidianos pitorescos, o que veio se chamar "crônica urbana". Muitos destes cronistas se apoiavam no humor e na sátira, outros em expor rivalidades e mal-entendidos. Todavia, sua importância se baseava na construção da história das pessoas "comuns", por meio do testemunho oral.

Essa história oral, por tratar de temas do cotidiano, muitas vezes, é desprezada, mas pode se converter em importante aliado à preservação da memória coletiva. Ela vem complementar o material obtido em documentos oficiais, livros, fotos etc. que, geralmente, omitem detalhes considerados pouco importantes, tais como: relato de situações informais, conflitos entre pessoas, discordâncias nos dados etc. São justamente estes detalhes que trazem o "sabor" e a singularidade da história. Enquanto a documentação apresenta a versão oficial, os relatos mostram as diferentes versões dos sujeitos que viveram essa história. Geralmente são as pessoas com mais experiência as que guardam os tesouros da memória de tantos detalhes, vivências e dados. Como diz Ecléa Bosi[6] em relação à memória dos

6 Estamos nos referindo aqui à famosa obra da autora: *O tempo vivo da memória:* ensaios de Psicologia Social. São Paulo: Ateliê Editorial, 2003.

mais velhos, ela *"pode ser trabalhada como um mediador entre a nossa geração e as testemunhas do passado"* (2003, p. 15).

No caso da história de uma associação, o resgate de sua memória significa se defrontar com os objetivos que levaram um grupo determinado de pessoas a formar essa organização representativa. No caso da Associação Brasileira de Técnicos Têxteis nossa meta é poder resgatar os relatos orais daqueles que fundaram a ABTT e/ou são presenças marcantes de sua história, como parte de sua memória.

Acreditamos, portanto, que o trabalho de memória para qualquer organização, instituição ou mesmo qualquer pessoa seja fundamental. E aqui a palavra fundamental ganha seu sentido originário, significando: básico, essencial, necessário, substantivo que se utiliza quando se deseja a permanência e perpetuação de uma ideia ou a relação com a origem.

A memória possibilita o resgate do passado, oferece sentido ao presente e lança perspectivas para o futuro, permitindo certa transmissão, uma herança. Uma associação de pessoas pode funcionar assim: como a memória viva de algo atual e significativo ou simplesmente como a memória do que se quer esquecer, não repetir.

Nestes 50 anos de ABTT, acreditamos que resgatar a memória daqueles que a constituíram é fundamental para seu futuro. No decorrer do livro, leremos por meio dos relatos dos seus membros, fragmentos de lembranças que lançam luz sobre o contexto histórico e político da sua fundação, em 1962. Na trama que vai se formando nas palavras ditas nas entrevistas das quais participei, assomava-se um Brasil de grandes transformações.

FUNDAÇÃO

A **ABTT – Associação Brasileira de Técnicos Têxteis** foi fundada em 02 de novembro de 1962, no Rio de Janeiro, nas instalações do então ETIQT (Escola Técnica da Indústria Química e Têxtil), hoje SENAI-CETIQT (Centro de Tecnologia da Indústria Química e Têxtil). Seu primeiro presidente foi Geraldo Xavier de Andrade (RJ). Nos seus 50 anos de história, a ABTT já teve 25 mandatos, sendo seus presidentes pertencentes aos núcleos do Rio de Janeiro, São Paulo, Minas Gerais, Pernambuco e Sul. Como associação possui oito núcleos regionais e um Estatuto que define e rege sua atuação nacional.

Desde sua criação, vem contribuindo de forma decisiva para a história da indústria têxtil brasileira. Esse fato se deve especialmente à abrangência dos seus associados: técnicos, tecnólogos, engenheiros, universitários e profissionais atuantes na cadeia produtiva têxtil–vestuário e moda.

No relato do Luiz Barbosa, conhecemos os detalhes da fundação para além dos documentos oficiais:

Quando a ABTT foi fundada, eu era aluno da escola, em 02 de Novembro de 1962, eu me lembro que comecei a ver uma porção de gente que tinha passado na escola recentemente e que estava por ali nos corredores e eu comecei a perguntar o que estava havendo. Eu vi o Julio (Caetano) que tinha se formado em 60, eu vi o Pelé que tinha se formado em 63... Quem é o Pelé? O Pelé é o Gilson Gaspar que jogava futebol também... Então, eu comecei a ver gente de outras turmas, gente desconhecida, então, eu fui informado que no sábado, que era o dia dois de novembro, dia de Finados, inclusive eu jogava futebol no time da escola e ia ter um jogo, teve esse jogo de futebol enquanto eles estavam reunidos lá. Eu ainda fui lá na reunião, olhei o ambiente, mas desci para o vestiário, botei minha roupa e fui jogar. Quando eu estava jogando, tomei conhecimento que tinha uma plateia muito grande desses técnicos que acabaram de fundar a ABTT ***lá embaixo das amendoeiras***, vendo o nosso jogo que já estava para terminar. Então, essa foi minha lembrança da formação da ABTT e eu não participei, vamos dizer nem saí na foto, apenas participei sentindo que tinha havido essa reunião. Eu me tornei sócio aspirante porque o Presidente eleito tinha sido o Professor Geraldo, que era da cadeia de Fiação e o Secretário Geral, me parece que era o Julio (Caetano) ou o Professor Teodomiro. *O Professor Teodomiro conseguiu uma sala exclusiva para a ABTT junto à dele, aonde ele dava aula de controle de qualidade. E eu me lembro que, muitas vezes, fui para a sala ajudar a fazer uma coisa, fazer outra, como aluno, como sócio aspirante e assim que me formei para ser sócio pleno. Eu tinha que estar formado, ganhei minha carteirinha... eu sou o sócio número 238 e está assinado ainda pelo Teodomiro Firmino da Silva Neto,* porque acho que nessa época em que eu me formei o Presidente da ABTT já era ele, o Teodomiro, porque eu me formei em 64 e a minha carteira é com a data de 66.

O mesmo acontece neste depoimento de Waumy que destaca o movimento de amizade que impeliu à fundação da ABTT:

Todas essas organizações como a ABTT começam com a união de amigos que procuram juntar, relacionar, avaliar como está a categoria, como estão os técnicos e lá no CETIQT nós sempre fomos muito unidos. Nós começamos a nos reunir no CETIQT mesmo para fundar uma associação de classe. Nós juntamos várias pessoas que sempre tinham interesse em participar de alguma atividade e a preocupação naquela época era que muitas pessoas não tinham emprego. Muitos técnicos estavam sem colocação, e um dos objetivos principais da ABTT era a gente tentar fazer alguma coisa para poder ajudar a essas pessoas; enquanto isto nós mesmos nos movimentávamos para tentar conseguir emprego para os colegas. Uma das coisas mais famosas, desde o início da ABTT, era a "Bolsa Emprego". Nós nos reuníamos todas as quartas-feiras no CETIQT, o que se tornou um hábito, mesmo com a dificuldade que cada um tinha, eu mesmo morava em Padre Miguel que é muito longe do CETIQT. Nós conversávamos, trocávamos ideias, até conseguirmos montar efetivamente uma associação, e conseguimos. Era forte muito forte o vínculo das pessoas.

Mais adiante e ainda em seu depoimento, a participação marcante do professor Teodomiro Firmino da Silva Neto:

Olha, eu gostaria de lembrar, por exemplo, de umas pessoas que na realidade tiveram uma grande influência, agora mesmo teve uma homenagem justa ao Teodomiro que foi uma pessoa altamente empreendedora. Ele viveu muito em função da ABTT, até porque durante todo tempo em que ele foi professor do CETIQT dava apoio e permitia a sua intensa participação. Nós tínhamos pouco tempo de dedicação; eu mesmo naquela época dava consultoria e viajava muito, ficando pouco tempo no Rio. Ele morreu jovem, e era uma pessoa com uma inteligência acima da média, sem nenhuma dúvida, muito do sucesso que a ABTT tem hoje se deve a ele. Outra pessoa que deu uma contribuição muito grande, e continua dando, é Julio (Caetano), sempre trabalhou e continua trabalhando pela ABTT, foi presidente da ABTT, participou em várias diretorias, ele gosta disso, ele vive para isso, ele está sempre presente e gosta muito de agir em torno da ABTT, é uma pessoa que eu tenho um carinho muito especial e eu acho que ele é fundamental para a ABTT.

Nesta fala do Reinaldo, ficamos sabendo como a fundação da ABTT foi vivida em São Paulo pelos estudantes que aspiravam à formação de técnico têxtil:

Quando a ABTT foi fundada em 1962, eu era estudante da Escola SENAI "Francisco Matarazzo" em São Paulo e participei na movimentação aqui na cidade que era coordenada pelo colega Roberto Grossi, e que buscava apoio para a fundação que ocorreria em novembro desse ano, no ETIQT, hoje CETIQT, no Rio de Janeiro. As reuniões em São Paulo aconteciam no Colégio do Carmo na Praça de Sé. Como em São Paulo não havia um movimento muito grande da ABTT, ao me formar, não participava dos eventos. O primeiro CNTT[7] que compareci foi em Poços de Caldas em 1976, e posteriormente em vários outros.

7 Congresso Nacional de Técnicos Têxteis.

A FORMAÇÃO E ATUAÇÃO DO TÉCNICO TÊXTIL

Na entrevista do João Luiz o destaque para a formação do técnico têxtil nos primórdios da ABTT:

Os técnicos, primeiros formados na escola CETIQT, os técnicos que aqui trabalhavam eram, na sua grande maioria, da Itália, Inglaterra, Alemanha, Suíça. Os técnicos formados nas primeiras turmas, eles praticamente viviam dentro da escola, as aulas eram período integral, eram quatro anos de estudo, sendo que nos últimos dois anos era um estudo especializado. Naquela época, você tinha técnico de fiação e tecelagem. Depois técnicos de acabamento e depois o técnico de malharia e confecção.

E em outro trecho, se referindo à formação do técnico em São Paulo:

Imagina que, nesses anos todos, no início da entidade, no início também da Escola Têxtil anteriormente a ETIQT, no Rio de Janeiro, foi a primeira escola de fiação e tecelagem. Aqui em São Paulo, foi a primeira escola de fiação e tecelagem fundada, organizada pelo professor José Haydu, pai do nosso amigo e colega ex-presidente da entidade Ricardo Haydu e a formação era voltada pra formar um líder de fábrica, um sujeito que sai dali a quatro anos, período integral, estagiando em fábrica, mexendo na máquina, ele iria chegar pra dirigir uma fábrica. Com o passar do tempo, aumentou muito o número de empresas, fábricas, como também aumentou muito o número de seções, divisões (...). *Hoje*, a formação ela está muito mais curta, rápida, e isso é natural como muitas empresas, Brasil hoje tem mais de 33.000 empresas, sendo que trinta mil confecções. Então, a formação de técnico ela é mais curta. Hoje, um técnico se forma com quatro semestres, praticamente dois anos, e existem muitos outros cursos em prazo menor ainda. O que acontece é que, com o passar do tempo, eles vão fazendo outros cursos complementares, como, por exemplo, um técnico que se formava nos anos 1970, nos anos 1960 ele era um técnico, se ele, por exemplo, fazia a área de acabamento, conhecia todo o processo de tinturaria, estamparia, acabamento, parte da lavanderia, ou seja, tudo. E hoje o técnico que se forma ele tem que fazer um curso específico, separado, ele não é abrangente, ele é mais especifico num setor.

Na lembrança do Waumy como estudante, o curso e a formação de sólidas amizades; posteriormente, como professor e profissional têxtil, o reconhecimento e a importância do CETIQT:

Eu me formei em 58 como técnico lá na escola e, naquela época, o curriculum era bem diferente porque como não tinha muitos técnicos no Brasil, o curriculum era muito abrangente. Nós estudávamos o dia todo desde as sete da manhã às 17h00 e cobria todas as matérias: Fiação, Tecelagem, Tinturaria, Malharia. Naquela época, não tinha Confecção, e realmente era muito puxado. Nós começamos em cento e poucos alunos e terminamos em 17; era puxado. Mas em compensação, você saia da escola já com estágio arrumado, todo mundo que saia já tinha definição de estágio, a procura era maior que a oferta. (...). Hoje você tem dormitórios organizados, naquela época, não, era regime de internato mesmo com horário, disciplina rígida... a gente podia sair até as 10h00 da noite, e se chegasse depois das dez horas não podia entrar na escola, além disso, tinha estudo obrigatório à noite, com chamada e tudo. É natural que este convívio permanente crie um grande laço de amizade (...). O CETIQT hoje é, com certeza, umas das maiores organizações de ensino do mundo, uma das maiores organizações de tecnologia do mundo; ela tem peso, tem consistência, está consolidada. Hoje ela tem um curso de Engenharia, tem um curso de Moda, Instituto de Design, participa de desenvolvimento, de pesquisa etc. Eu tenho orgulho de dizer que toda a minha experiência profissional foi passada no CETIQT. Fiz o Curso Técnico, fiz engenharia na UERJ, que era patrocinada pelo CETIQT; fui, durante 16 anos, professor no CETIQT; fiz Mestrado na North Carolina States University-EUA, patrocinado pelo CETIQT, fui professor de Engenharia no CETIQT.

No depoimento de Luiz revela-se a excelência da formação oferecida pelo então ETIQT, o que levava o técnico têxtil a se destacar profissionalmente:

(...) Controle de qualidade de tecido cru por pontos, por pontuação, sistema americano, esse sistema deu bom resultado e o Sr. Antonio Carlos Menezes que é o Superintendente da empresa me designou que eu fosse implantá-lo em Delmiro Gouveia; então, pela primeira vez um técnico da Fábrica Camaragibe, iria a Delmiro Gouveia prestar um serviço, uma assessoria para fazer uma importação de uma coisa nova. Nessa oportunidade, eu relembrei a ele que só iria se tivesse um ambiente que eu pudesse ficar, e ele disse: "Não se preocupe você vai para casa de hóspedes que é o seu lugar, um lugar muito confortável" e realmente era uma casa de hóspedes (...). Às vezes, se hospedavam cinco, seis técnicos estrangeiros. Teve uma ocasião em que eu contei na mesa nove nacionalidades diferentes: francês, inglês, argentino, chileno, português, americano, japonês, alemão...

Na lembrança de Ricardo, os tempos de estudante aqui em São Paulo:

Essa primeira turma da Francisco Matarazzo era uma turma de um nível bem mais alto. Era uma turma que tinha o sobrinho da Hering, e um colega nosso que faleceu, Nelson Cianflone, tinha um que era da Viseti. Como éramos os donos da escola, praticamente, nós tínhamos um diretor que não era do nosso nível. Era um diretor que veio de uma escola SENAI; ele tinha umas regras que a gente não sabia o que fazer. Por exemplo, "aluno não entra pela porta principal, aluno entra pela porta lateral", e a nossa sala, onde eu estava, dava para a porta principal, e quando eu virei a cabeça para olhar para a porta, sem querer, eu vejo um cachorro vira-lata, pulguento entrando por lá, se coçando igual um louco. Eu avisei a turma: Nós não podemos entrar e o cachorro entra?! Greve, a comida está ruim, greve, a gente almoçava muitas vezes lá. Enfim, e hoje estamos comemoramos nossos 50 anos de formatura. No ano passado, foi uma festa muito bonita.

E a excelência da formação do CETIQT no Rio de Janeiro na atualidade:

Técnico têxtil eu considero sempre na frente, eu comparo hoje o CETIQT com a Faculdade Universitária Têxtil que existe na Carolina do Sul, de tão boa que ela é, uma escola gigante.

As pessoas que procuravam a formação têxtil eram de setores variados da população, como nos esclarece Julio:

Muitos já trabalhavam, outros não, o Rolan Dohler era filho ou neto do dono... Então, ele nunca trabalhou porque era jovem ainda, mas ele se preparou para trabalhar. O George Henry Black aqui de Pernambuco foi o pai dele que trabalhava na Yolanda que era uma fábrica de sacaria de juta, então George foi lá para o Rio também, para você ver. Então, tinha de tudo, o Geraldo Augustavo da Fonseca, ele trabalhava no chão de fábrica da Itaunense, o Antonio Urbano Machado também era de chão de fábrica. Então, eles saíram das fábricas, fizeram cursos, para depois voltar para as fábricas, aí já voltavam num cargo um pouco mais elevado porque eles já tinham adquirido uma bagagem. Então, nós tínhamos desde empresários, tinha o Kasiusky que era de uma fábrica de Petrópolis. Então, tínhamos a família Assis de Juiz de Fora, em Floresta, então, tinha desde filhos de empresários até homens de chão de fábrica, aí essa turma toda adquiria uma bagagem e voltava, uns iam fazer curso no exterior. Oscar Rache foi fazer curso no exterior de aperfeiçoamento, eu fiz curso na Inglaterra, então, quer dizer, tinha de tudo.

Aqui um depoimento complementar do Ricardo que conta sobre a fundação da escola de formação de técnicos em São Paulo:

Meu pai[8] era engenheiro têxtil formado em Bérgamo. Veio para o Brasil em 1925 com meu avô e não tinha dinheiro para trazer minha avó e trabalhou um tempo na Votoratim. Depois teve a ideia, em 1928, de fazer uma escola têxtil. Fez a escola de tecelagem chamada Primeira Escola de Tecelagem. Começou na Rua Piratininga 283, na casa onde eu nasci. Era uma casa muito grande térrea onde tinha quatro salões enormes e, vamos dizer, lógico que ele não era um técnico têxtil, porque não existia o curso na época. A escola não tinha nem máquinas, era mais uma escola teórica onde os contramestres se tornaram mestres. Então, nessa escola tinha aulas de fiação, tecelagem, acabamento e tinturaria, e daí começou a escola, vários industriais passaram. A escola começou em 1928 e terminou em 1975. De 1970 a 1971 meu pai teve infarto e não podia trabalhar. Em 1975 começou a fazer curso por correspondência. E quando

8 Professor José Haydu da Silva Aranha.

eu peguei a coisa, em 1975 eu trabalhava na época na Alcântara Machado. Saí para tomar conta das coisas de meu pai. E então os fatos não davam para ficar, só tentei colocar alguns professores, alguns engenheiros na escola e não deu certo. Encerrei a escola, mas em 1931 meu pai fundou a *Revista Têxtil* que hoje está fazendo 81 anos. Essa revista era mais ou menos *house organ* da escola, e por que meu pai estava fazendo isso? E porque na época não existia técnico têxtil no Brasil, eram todos importados. Na época que começou essa revista, as coisas eram facílimas e tinha de tudo. Essa revista é órgão oficial da ABTT, muita honra tenho disso. Posso dizer que acompanhando, e então passou por guerras, não sei quantas moedas, cruzeiro, cruzado etc.. Mas posso dizer para você o seguinte: a ABTT começou realmente a tomar certo rumo no final da época do Jessé, mais assim muito baixo. O Jessé era mais vaidoso pela ABTT e realmente a ABTT começou a se tornar realmente a ABTT pelo João Luiz. Ele realmente profissionalizou a ABTT colocando a ABTT no pedaço da indústria têxtil, em ótimo lugar. E o Reinaldo continuou muito bem o que o João Luiz fez.

PRIMEIROS PASSOS DA ASSOCIAÇÃO: REGULAMENTAÇÃO E LEGISLAÇÃO

No relato de Waumy, alguns detalhes sobre o movimento para a regulamentação da profissão de técnico têxtil:

A ABTT é uma Associação de caráter privado e não uma associação de classe, e por isto não poderia representar oficialmente seus associados junto às autoridades, como, por exemplo, os sindicatos. Então, naquela época, para se regulamentar a profissão de técnico têxtil as dificuldades burocráticas eram imensas. Nós não podíamos representar junto ao Ministério do Trabalho e mesmo junto ao Congresso. Nós tivemos que formar outra associação que existe até hoje, nós formamos a Associação Profissional de Técnicos Têxteis. Naquela época, a ideia não era você fazer duas associações, e sim romper as barreiras burocráticas, mas existia na época o pensamento de transformar a Associação em um Sindicato para se obter os benefícios de verbas que hoje são gigantescas, e na época a ABTT, vivia numa tremenda miséria. Eu acho que esse projeto morreu, e foi mau, pois ele deveria ter continuidade. O CETIQT sempre apoiou totalmente as nossas iniciativas. Nós tínhamos uma sala dentro do CETIQT, lá a gente fazia as reuniões, tínhamos materiais, dinheiro mesmo, era muito difícil, as pessoas não tinham muito recurso. Somente com a fundação da Associação Profissional foi possível se regulamentar a profissão, que até hoje é reconhecida, inclusive pelo CREA e Conselho de Química.

E o Luiz dando detalhes sobre a legislação.

Olha, tem muita gente inclusive que não sabe e nem conhece a legislação (...), a Legislação que foi aprovada em 1967 que dá igual direito ao técnico têxtil a se registrar no CREA e no CRQ Conselho Regional de Química, então, para mim isso foi o marco em 1967. O trabalho do Teodomiro que na época era o Presidente – pelo menos foi dele que eu recebi o boletim que trazia essa notícia – porque nós tínhamos um boletim que era feito na escola, na gráfica da escola e era mandado para todos os sócios e eu guardo isso (...). Hoje mesmo nós temos aqui empresas estrangeiras que não colocam técnico têxtil e são obrigadas a colocar, ter um técnico têxtil representante, como uma Indústria farmacêutica tem que ter o farmacêutico responsável; então, existe uma legislação a esse respeito.

O Dia do Técnico Têxtil é comemorado no dia 12 de setembro. A história dessa decisão é lembrada por João Luiz:

A ABTT teve uma mudança muito importante no ano 1980 quando foi realizado um congresso em Fortaleza, presidido por nosso amigo Carlos Pinheiro[9] e ali naquela assembleia, além de ter sido instituído o dia do Técnico Têxtil no dia 12 de Setembro, o Dia 12 pela própria assembleia passou a ser determinada aprovada pelo profissional têxtil. A ABTT, a partir daí, passou a receber todos os profissionais têxteis. Então, ela passou a receber não só técnicos, como químicos, engenheiros, os profissionais da área de moda e confecção. Então isso permitiu, em minha opinião, que a ABTT ampliasse muito o seu raio de atividades e teve participações importantes, diversos temas e assuntos junto ao IMETRO, juntos às escolas, promover congressos.

É o Julio quem lembra o reconhecimento da profissão de técnico têxtil:

Aí, nós conseguimos, por exemplo, umas coisas formidáveis – uma delas foi a inclusão do técnico têxtil no catálogo, assim chamado oficial das profissões da CLT[10] (Consolidação das Leis do Trabalho), então, hoje, se buscar na CLT, tem o técnico têxtil. Em 62 não tinha, eu não me lembro em que data foi, em que ano foi, mas isso foi uma conquista.[11]

9 Carlos Leite Barbosa Pinheiro, técnico têxtil, Presidente da centenária fábrica UNITÊXTIL, Fortaleza, Ceará.

10 A CLT surgiu por meio do Decreto-Lei n.º 5.452, em 1º de maio de 1943. Essa lei foi sancionada pelo presidente Getúlio Vargas, constituindo-se em referência da legislação trabalhista existente no Brasil.

11 A profissão de técnico têxtil foi aprovada pela LEI 5.692/71, Resolução n.º 2 de 27.01.72, anexa ao parecer n.º 45/72 do Conselho Federal de Educação.

A HISTÓRIA DO BRASIL NA VOZ DOS RELATOS

Nas falas dos entrevistados, ainda se escutava o eco dos imigrantes que chegaram ao Brasil, principalmente no final do século XIX e começo do XX: ao citar os sobrenomes das pessoas que fizeram parte da história da associação, revelaram-se as variadas origens de uma ascendência plural, assim como também, nos fluxos de técnicos e profissionais estrangeiros que chegaram posteriormente e formaram parte da industrialização – que já se arquitetava desde as primeiras décadas do século XX – que ganhou pujança a partir dos anos 1950.

As referências à década de 1960 mostram a sua importância na geração de grandes mudanças mundiais. Nos primeiros cinco anos, alguns acontecimentos marcantes são: a inauguração de Brasília, capital do País (1960), a Copa do Mundo no Chile, na qual Brasil conquista o bicampeonato (1962), a apresentação da Bossa Nova no Carnegie Hall (1962), o advento da pílula anticoncepcional no Brasil (1962) etc. E na segunda metade: os protestos estudantis na França (1968) e suas influências no Brasil[12], a conquista da lua (1969), o *rock-and-roll* com os Beatles e a Jovem Guarda, a TV em cores e sua difusão massiva etc. Em termos de moda e costumes, podemos

12 O clima imperante nesse momento da história do Brasil pode ser escutado nas canções compostas por Chico (Francisco) Buarque de Hollanda.

dizer que até 1965, o vestuário refletia uma tímida ousadia com estampas geométricas e cores bem vibrantes, em uma transição entre a moda dos anos 1950, os chamados anos dourados, e o boom da minissaia (1965), a moda hippie etc. Ou seja, as referências abarcavam desde a elegância clássica de Grace Kelly, Jackie Onassis e Audrey Hepburn, passando pelas roupas da modelo Twiggy, até a roupa étnica, a *beatlemania* e a arte pop. A década de 1960 marca, portanto, um período de profundas transformações na política, nos costumes, nas relações familiares, introduzindo a revolução sexual e o feminismo. Especificamente, 1962, ano da fundação da ABTT, como já mencionado, é um ano de fatos marcantes.

Ao longo dos relatos, infiltrava-se também a referência ao processo de expansão educacional do Brasil a partir dos anos 1960: à formação técnica e acadêmica, à necessidade de mão de obra qualificada, ou seja, à formação do próprio técnico têxtil.

Como nos conta Julio Caetano:

> (...) então, nós tínhamos muita relutância em ser aceitos porque os cargos eram ocupados por estrangeiros, muita gente de capacidade, de real valor, muitos que vieram como montadores de máquinas e depois ficaram no Brasil e galgaram postos. Essa era a indústria têxtil, e para *nós entrarmos era difícil porque nós éramos formados recentemente na escola que existia no Brasil, e a alta cúpula empresarial não conhecia. Então, nós tínhamos uma dificuldade muito grande de penetração nas* empresas e quando foi, vamos formar o sindicato ou não? já houve uma cisão porque os mais abastados, porque nós tínhamos colegas que eram filhos de donos de fábricas e tínhamos outros colegas, gente que saía do chão de fábrica, então, era uma mistura como é o Brasil. O Brasil é uma mistura, então, houve muita discussão, se vai formar o sindicato, se não vai, se deve, se não deve, então, na realidade, nós nunca formamos.

A construção[13] e posterior fechamento de tantas fábricas têxteis, a mudança dos principais centros de produção industrial do Rio de Janeiro, São Paulo e Minas Gerais para outras regiões do Brasil nos falam dos efeitos da construção de Brasília, puxando o crescimento econômico para além da "antiga e bela cidade imperial", da "locomotiva do Brasil" e de Minas Gerais, para Santa Catarina e os estados do nordeste, atraindo capitais e gente para trabalhar: migrantes e imigrantes. Paralelamente, também ocorria um aumento das fronteiras agrícolas do Brasil, plantando algodão no Rio Grande do Norte, Mato Grosso e Goiás.

O relato da vida dos estudantes no CETIQT, a severidade e excelência dos seus professores, as rivalidades e discordâncias políticas entre colegas, as dificuldades dos estudantes vindos de outros estados, os jogos de futebol e o lazer retratam a efervescência do que se viveu antes e depois da fundação.

---

13 "*Tinha muitas fábricas, muitas fábricas principalmente no Rio de Janeiro. Rio de Janeiro era talvez junto com São Paulo o maior centro têxtil do Brasil. Tinham fábricas e fábricas grandes: Fábrica Bangu 3,4 mil funcionários, Nova América tinha mais de 5 mil funcionários, algumas grandes, América Fabril, Corcovado, Deodoro, Confiança, além de fábrica de lã que existia, Inter-Americana, era muita fábrica, tinha muita fábrica e fortes*". (depoimento do Waumy)

Neste relato dos tempos de estudante no CETIQT, Luiz revela as relações entre estudantes e professores:

Eu fui suspenso várias vezes da escola por desobediência ao regime, eu fazia várias coisas... Teve uma interessante que eu ia chegando na escola as sete horas da manhã e eu passando pelo jardim tinha um ônibus parado escrito "Breda Turismo", um ônibus de turismo, aí eu me aproximei dele e vi os alunos que estavam no terceiro ano – porque nessa época eram três anos, só minha turma que ia ser quatro –; o terceiro ano estava no ônibus e eu entrei para saber para onde eles iam, que passeio era aquele e eles disseram: "não rapaz, nós vamos para Petrópolis conhecer uma fábrica lá, duas fábricas". Estavam se formando, era final do ano e tinham alguns professores dentro do ônibus só que a hora que eu fui sair, eles não deixaram e disseram que eu ia também, me agarraram e disseram: você vai ficar aqui. Impediram a minha saída, e com os livros debaixo do braço, eu fui, acompanhei a visita. Quando chegou na fábrica que nós íamos visitar, Lanifício Americano, no jardim da fábrica, eu vi chegar de carro o Diretor da escola, Professor Maurílio, (...). A essas alturas, ele começava a vir para o meu lado, eu fugia ia para o outro lado, então, na fábrica eu estava de um lado da esteira do batedor e ele do outro lado, quando ele vinha começando a rodar esse lado da máquina... Aí alguns alunos foram falar com os professores para eles aderirem a falar com o Maurílio para deixar eu com eles para fazer a visita porque depois daquela visita à fábrica, *iam visitar outra fábrica, a Dona Isabel, onde ia ser servido o almoço. Eu vi alguns professores conversando com o Maurílio (...) não tinha para onde fugir e o Maurílio sentou do meu lado e me perguntou o que eu estava fazendo ali, porque ele me conhecia e sabia que eu não era um aluno daquela turma, ele já tinha me suspendido uma vez, a gente já havia tido um desentendimento e eu fiquei conhecido.* Eu disse a ele que eu não podia fazer nada, eu entrei no ônibus para conversar com uns amigos meus que estavam lá dentro e eles não deixaram eu sair, então eu estava ali por causa disso, aí ele disse: "O senhor vai voltar, porque o senhor está perdendo aula". Aí eu disse: "Mas agora eu não tenho dinheiro para voltar". "Como não tem dinheiro?". "Ah não tenho, eu vou para a escola de bonde, volto de bonde, a escola dá almoço, a minha bolsa que eu ganho mal dá para eu comprar o mínimo e o necessário.. (...) *Aí ele chamou o motorista dele deu dinheiro a ele e disse* "Vá levar ele na rodoviária, compra uma passagem e depois dê cinco cruzeiros para ele pegar o ônibus para ir para escola, da rodoviária para escola, dê cinco cruzeiros a ele". E assim o motorista me deixou na rodoviária, cheguei no Rio era uma hora da tarde, uma e meia e eu não fui mais para a escola. (...) E foi uma coisa interessante o que me aconteceu, mas o senhor Maurílio não tomou nenhuma medida disciplinar comigo, porque ele acreditou mesmo que foi verdade que eu fui impedido de sair do ônibus".

E mais adiante, Luiz lembra com vivacidade os momentos de lazer, apesar de o curso ser em período integral:

(...)não era só o futebol, porque nós também disputávamos, em muitas escolas técnicas, os jogos técnicos químicos, e esses jogos tinham várias atividades olímpicas inclusive corrida, basquete, vôlei, arremesso de peso, futebol de salão, futebol de campo, tinha várias atividades. A nossa escola não tinha, assim, um campo de atividade olímpica, mas a gente ia para o Maracanã, o Maracanãzinho. Quando havia esses jogos, os jogos eram noturnos, só o futebol que era de sábado, o futebol, o basquete, não, o basquete também era noturno, só o futebol que era de sábado à tarde; nós jogávamos na escola, lá era um jogo em uma escola e outro jogo na outra, era ida e volta, e tinha o campeão, o campeão era aquele que tinha mais pontos e tinham regras e quem organizava esses jogos técnicos éramos nós, os diretores de esporte das suas escolas.

Politicamente, as mudanças ganharam destaque: os 50 anos em cinco do Juscelino Kubitscheck[14], a era Jânio Quadros[15]– Jango Goulart[16], a ditadura militar[17], os movimentos estudantis e o longo processo de democratização e as mudanças econômicas, sociais e políticas da segunda metade do século XX.

Nas palavras de Julio Caetano, uma síntese sobre o momento político na época da fundação da ABTT:

> Na década de 1960 havia toda uma movimentação, talvez política, social da população brasileira Então, as diversas camadas sociais, as camadas profissionais começaram a se juntar para poder reivindicar qualquer coisa, para poder se defender, para poder se posicionar, para poder arguir.

Paralelamente, a oscilação entre a liberdade e a proibição, vigentes nos diversos tipos de governo, se vislumbram também na fala de Julio.

> (...)mas aí veio a revolução de 1964[18], na revolução de 1964, nós todos que éramos dirigentes da ABTT fomos denunciados ao governo revolucionário, todos nós fomos vasculhados para saber o que estávamos fazendo, todos nós passamos incólumes porque não tínhamos nenhuma ideia de revolução, de coisa nenhuma. *Nós tínhamos ideias simplesmente de nos posicionar* e defender a nossa classe, mas como eu disse, isso não foi só com a ABTT, formaram-se várias outras instituições e elas também devem ter passado por esses caminhos.

Assim, a ABTT pareceu agregar pessoas com ideias diferentes, mas objetivos e causas comuns, como nos conta Waumy:

> Para se fundar a associação profissional tivemos um trabalho árduo do Teodomiro, meu, do Julio e, principalmente, do Luiz Pereira. O Teodomiro era um camarada brilhante, uma pessoa altamente politizada e tinha que ser, para você se envolver nessas coisas tinha que ser muito politizado.

Assim, o intercâmbio frutífero de conhecimentos entre brasileiros, americanos, italianos, holandeses, ingleses, alemães, portugueses, franceses, e de diferentes países da América Latina, entre outras nacionalidades, acrescenta mais ingredientes à miscigenação da história do Brasil desde a colonização até o presente.

Máquinas, equipamentos e gente com histórias; por um lado, teares, urdideiras, secadoras, corantes, cilindros, tecidos etc., por outro, operários, técnicos, gerentes e empresários que trazem consigo famílias ou as constituem, que migram e mudam de emprego para trabalhar nas fábricas, principalmente de Minas Gerais, Pernambuco, Ceará, São Paulo, Bahia, Santa Catarina etc. Filhos que nascem e, posteriormente, se casam, amigos que falecem; fábricas que "fecham

---

14 Foi Presidente do Brasil de 1956 a 1961.

15 Jânio da Silva Quadros foi Presidente do Brasil em 1961.

16 João Belchior Marques Goulart, conhecido como Jango, foi Presidente do Brasil entre 1961-1964.

17 A ditadura militar abarcou os anos de 1964 até 1985.

18 O golpe militar de 1964 deu início a um longo período de 21 anos de governos não democráticos.

as portas" [19], deixando uma grande população sem emprego e, às vezes, até tornando a cidade sede da fábrica uma "cidade fantasma", quando a vida e a geração de renda giravam em torno da indústria têxtil.

As mudanças econômicas também influenciaram a história da ABTT, como vemos neste depoimento do Waumy Corrêa da Silva no qual destaca os detalhes da compra da sede no Rio de Janeiro:

(...) realmente o seu início que foi muito difícil. É muito duro você ver que a parte financeira era feita na nossa casa. Se tivéssemos que comprar alguma coisa nós tínhamos que depender de recursos próprios, nós tínhamos que ter dinheiro para fazer alguma coisa ou se tivéssemos que fazer alguma viagem era por conta própria, quer dizer, sempre é difícil, todo mundo era técnico têxtil, não tinha empresário nesse movimento, não tinha pessoas com mais recursos nesse movimento, todo mundo dependia exclusivamente de seu salário. Então, isso era complicado, era difícil. (...) Olha, a história da ABTT é grande e longa. Por exemplo, nós temos hoje uma sede no Rio de Janeiro, que basicamente é o único e mais importante ativo da ABTT; ela quase não é usada porque o Rio de Janeiro deixou de ser o foco da Indústria Têxtil. A história da compra dessa sede foi também uma coisa muito séria. Compramos a sede em construção em um excelente ponto da Av. Presidente Vargas, uma das principais avenidas do Rio de Janeiro. Na época, a construtora não aceitou o financiamento pela ABTT, que financeiramente não tinha lastro para uma compra daquele tamanho. Reunimos um grupo de associados e amigos, e assumimos o compromisso daquela compra, para você ver como era o relacionamento do grupo de pessoas ligadas à ABTT. E naturalmente tivemos que envolver todas as esposas para que elas soubessem que estavam assumindo um compromisso e responsabilidade de compra de um bem que não era nosso e, quando estivesse liquidado, deveríamos passar para a ABTT. Naturalmente, todos os pagamentos foram efetivamente feitos pela ABTT, e foi comprada através de dinheiro de sobras de congresso. Nós resolvemos comprar a sede pagando ao longo do tempo. Naquela época, poderia citar o grupo que participou desta compra para se responsabilizar pelos pagamentos: Teodomiro Firmo da Silva Neto, Waumy Correa da Silva, Julio Caetano Horta Barbosa Cardoso, Luiz Pereira Neto, Gianfranco Colnaghi, José Lopes Siqueira, todos com as respectivas esposas. Foi um negócio de risco, com muita gente e esposas envolvidas, mas felizmente deu tudo certo.

OS CONGRESSOS DA ABTT

No meio dessas narrativas, mais um congresso da ABTT sendo organizado, onde colegas se reúnem para ter notícias dos diferentes cantos do País, encontrar um amigo que não se via há tempos, aperfeiçoar-se profissionalmente e conhecer novos equipamentos e técnicas. Para isso, enfrentar longas estradas de "chão", de ônibus, avião (às vezes), procurando ligar as cidades deste país imenso e tão diverso.

Alguns congressos guardam um lugar de destaque na memória: o de 1988, em Recife, Pernambuco, para

19 No depoimento do Waumy, a triste lembrança deste processo: "*Infelizmente, fechou tudo, Bangu fechou, Nova América fechou; no Rio, ela tem uma unidade de Caxias, mas América Fabril fechou, Corcovado fechou, Confiança fechou, Inter Americana fechou; essas fábricas todas foram fechando e, na realidade, hoje não tem mais nada. A indústria têxtil hoje, no Rio de Janeiro, é basicamente zero, a não ser umas pequenas malharias, confecções... fábrica, fábrica mesmo, não tem mais não, acabou*".

o Luiz:

"Foi esse, porque nós tivemos 2.400 congressistas lotando o Centro de Convenções de Pernambuco (...) o pessoal se sentava no chão(...). Eu me lembro que eu contratei um coquetel para 3.000 pessoas, porque na abertura sempre comparece muito mais gente do que no Congresso, e naquela ocasião uma coisa muito marcante foi que nós tivemos representatividade de vários órgãos do Governo: Ministério da Fazenda, Ministério da Agricultura, Ministério do Desenvolvimento estiveram presentes, a SUDENE, o Banco do Nordeste se fez presente. Nós alugamos dois ônibus para fazer diversos passeios para as praias, para os pontos turísticos, para tomar um chá no Buffet e as mulheres ficavam passeando, enquanto a gente estava ali reunida, e foi feito porque havia recursos para isso."

Para o Julio Caetano, os congressos de Recife, Pernambuco, em 1972 ou 1988:

Olha, eu me lembro bem. Aqui em Pernambuco não me lembro se foi no primeiro ou segundo congresso, quando houve o lançamento do filatório Open End e a empresa fez uma festa, que era lançamento mundial. Então, todos nós ficamos embasbacados porque todos nós saímos do filatório de anel para o filatório Open End, e quando terminou a palestra o Yugi Hatayama, um paulista filho de japonês, era um japonesinho pequenininho, levantou e disse: "Olha aqui na minha fábrica já temos dessas máquinas rodando e os presentes que quiserem ver pessoalmente e examinar as máquinas estão convidados a me acompanhar". Quer dizer, isso demonstra exatamente a importância dos Congressos da ABTT. Veio um sujeito de fora lançando uma novidade e um caboclinho, não é caboclo porque era filho de japonês, mas era paulista (...). Então, veja a importância da disseminação da ABTT nessa tecnologia, eu acho que isso foi uma coisa muito importante.

Para o Waumy, o primeiro em Recife, em 1972.

O mais marcante foi o primeiro Congresso aqui de Recife (capitaneado pelo Luiz Barbosa). Foi um Congresso brilhante, muito bom, onde eu tinha uma participação muito grande e teve muito apoio financeiro. Hoje o perfil de técnico têxtil mudou, é o perfil de empresário, de pessoas que estão ocupando cargos executivos, o pessoal que tem trabalhos em empresas grandes, mas naquela época não, naquela época participante era o técnico têxtil o pessoal que está na planta, no chão fábrica, aquele pessoal que não tem recurso, entendeu? E foi um Congresso muito bom, muito, muito bom, o primeiro. (...) o outro marcante, mas aí foi uma questão pessoal, foi no do Rio de Janeiro que eu participei, eu era vice-presidente da comissão organizadora. Nós tivemos um congresso com a FLAQT[20] que hoje está junto com a ABQCT[21] – e naquela época nós éramos associados da FLAQT –, e nós fizemos um congresso internacional no Rio de Janeiro, aquilo deu muito trabalho, foi muita confusão, mas deixou uma receita grande naquela época, teve muita repercussão.

O de 1976, em Poços de Caldas, para o João Luiz:

O primeiro Congresso que eu fui participar foi um congresso em 1976 na cidade mineira de Poças de Caldas, onde o Jessé[22] era candidato a presidente e outro candidato forte era o Nelson Lobo de Lima, outro técnico têxtil que trabalhava numa fábrica da Vicunha, no estado de Goiás. Foi uma coisa interessante porque neste congresso, Nelson Lobo de Lima e a chapa que preparou usavam como argumento que Jessé era o candidato dos empresários; que ele era ligado aos empresários,

20 Federación Latinoamericana de Químicos Textiles.
21 Associação Brasileira de Químicos e Coloristas Têxteis.
22 Jessé Antonio e Silva, técnico têxtil, presidente da ABTT em vários mandatos.

principalmente químicos de Minas, que ele se formou na escola e cedeu vários convites para trabalhar e acabou indo ser diretor de duas fábricas têxteis mineiras. E o Jessé, sujeito muito sagaz e inteligente, pediu para uma pessoa[23] recolher fichas de inscrição, em todos os hotéis da chapa do seu adversário – na época, Nelson Lobo de Lima – e da sua chapa Jessé. Essa chapa do Nelson Lobo foi a prova: ao se inscrever no hotel, dizia, declarava na sua profissão: "Empresário", e o Jessé colocou na sua profissão: "Técnico Têxtil". Então, esse argumento, em minha opinião... e na assembleia, o Jessé ganhou com uma boa margem: começava, então, mais um mandato do Jessé.

E, uma década posterior, em Caxambu (1986).

O congresso que eu achei mais marcante. Foi congresso de 1986, na cidade mineira de Caxambu, que foi praticamente a 1° vez que eu tive a oportunidade de, com muito tempo de antecedência, trabalhar em um congresso. Já havia trabalhado no congresso de 1978, em Blumenau, com um grande amigo que viria a ser uma pessoa com muita participação na vida profissional e em termos de amizade: Peixoto[24] e sua esposa Hebe, dois técnicos têxteis, o Peixoto depois viria a ser diretor por várias vezes da ABTT. Mas este congresso de Caxambu, em 1986, foi um congresso que nós tivemos muito tempo para preparar e organizar. O hotel que foi Hotel Glória era um hotel da família Marques (...). Então, em 1986, foi primeiro congresso que eu pude levar minha família, filhos pequenos e minha esposa, e foi um congresso espetacular, tanto pelos apoios que tivemos, presença, pela quantidade (...). Eu não me lembro de outro então marcante.

23 Segundo lembrança do entrevistado, Luiz, foi ele próprio quem recolheu as fichas a que se refere João Luiz nesse trecho da entrevista.

24 Carlos Alberto Peixoto Barbosa e Hebe Magda Viana Barbosa.

Para o Ricardo, o congresso do qual participou como organizador e que marcou um estilo:

Até hoje, só não estive presente em alguns congressos quando eu morei nos Estados Unidos. Fui presidente da ABTT de 1982 a 1984 e do CNTT de 1984. O congresso anterior ao meu foi um congresso no Ceará que Carlos Pinheiro fez e foi um congresso sensacional. Inclusive foi o primeiro congresso que uma máquina foi para este congresso, um baita filatório Howa que Carlos Pinheiro conseguiu, mas algumas outras máquinas, muito bem. Então, quando foi o meu, foi realizado aqui em São Paulo no centro empresarial e quem me arrumou o Centro empresarial foi Armando Viviani que era um dos diretores da Santista, no Centro Empresarial. Então, para fazer o congresso eu não tinha experiência nenhuma e convidei o Carlos Pinheiro para ser presidente do meu congresso. Ele aceitou, veio para São Paulo porque eu tinha um apartamento. Eu sei que nós fizemos um trabalho maravilhoso, ótimo, sensacional, muito benfeito. Acho que foi o primeiro congresso luxo que a ABTT teve. Mas um dia antes da abertura do congresso, veio nosso antigo presidente Jessé. Ele me disse: Ricardo, põe uma cadeira na mesa da abertura, porque eu gostaria de colocar uma pessoa que vai ser um grande empresário. Mas, eu estou com a mesa pronta, preparada com o governador, prefeito, sei lá quem mais que tinha. Não tem lugar, mas Jessé: Quem e esse cara? O José Alencar Gomes da Silva. Nem sei quem é esse cara, no próximo congresso ele senta, pronto. Bastante, insistiu e coloquei. Quando eu conheci o José Alencar, daí em diante ficamos bastante amigos. Eu sei que, depois que terminou, o congresso eu pensei comigo: nunca mais na vida eu vou ser presidente em associação, a não ser que seja associação dos banqueiros. Porque é dureza, pus muito dinheiro do meu bolso, seguindo os passos do meu pai. Eu sei que quando fui eleito no congresso, eles não queriam me passar a presidência, eles não queriam passar o que tinha em caixa porque eu já era gastador, esse cara vai pro pau. Este pouco dinheiro, mas, ao contrário, aumentei o caixa, e foram umas das coisas mais interessantes que eu tenha lembrado.

Neste relato do Reinaldo, fica clara a influência do momento pelo qual passava o País e se refletia na área têxtil:

O primeiro congresso em que eu participei foi o de Poços de Caldas (1976), depois São Paulo (1984), participei de congressos em Fortaleza, os dois primeiros como congressista e o último como presidente da ABTT, participei do congresso em Natal, de Recife. Eu acho que o congresso mais marcante foi o de Belo Horizonte (1996), pois, na época, a Indústria Têxtil estava atravessando por uma situação bastante difícil, tanto que é que marcou o congresso pela importância que ele teve dentro da vida têxtil brasileira. Reivindicava melhores condições para indústria têxtil nacional, um movimento bem organizado, participavam associações de classes. A ABIT estava envolvida neste trabalho; naquela época, não havia uma mobilização tão grande.

MUDANÇAS NO SETOR TÊXTIL

Aos poucos, os relatos mudam e incorporam a necessidade de modernização e avanço tecnológico, a reciclagem, os cuidados com o meio ambiente e a sustentabilidade, a competência e a concorrência, a mudança na formação do técnico têxtil, aproximando-nos dos anos mais recentes da história da associação.

Neste relato do Reinaldo temos contato com a evolução dos processos de tecelagem:

Meu "bichinho" é a tecelagem, fazer padronagem, trabalhar também com estamparia, no desenvolvimento de padrões, combinações de cores, na cartela de cores, padronagem, tecidos xadrez, por exemplo, é o que gostava muito de fazer, efeitos de tecidos especiais. Eu me lembro de um detalhe, nós desenvolvemos um tecido que era composto por fitas de algodão no urdume, como se fosse um fio. Então, desenvolvemos, junto com a Salvador Orsini, um pente especial para poder colocar no tear e passar esta fita. O tear que trabalhava naquela época não tinha estes recursos de tear de hoje, teares modernos que você tem controle do avanço do tecido de forma eletrônica, naquela época pra deixar um ponto vago lá, você tinha que tecer com uma lançadeira vazia; então, todas estas artes, a gente fazia.

Na fala do Luiz, faz-se presente a introdução de mudanças que levaram a cuidados com o meio ambiente e a reciclagem:

(...) procurei em conjunto com um pessoal da Itália, implantar uma nova tecnologia, digo, nova para mim e para a região. Foi trazer da Itália a primeira máquina "desfibradora de trapos e malha de algodão" para fazer fio para o mercado de redes, porque isso era interessante. O mercado de rede que consome, desde aquela época, mais de duas mil toneladas de fios por mês era feito naquela ocasião com fio cru, fabricado com resíduos de algodão em mistura com um pouco de algodão. Nós fizemos o fio com a malha já colorida, evitando deles tingirem o fio, porque eles tingiam isso em tachos de cobre e secavam na rua e poluíam também o ambiente nessas cidades que eu conhecia. Você chegava numa cidade como São Bento que é uma cidade com grandes fabricantes de redes e via aquelas meadas coloridas, secando ao sol na porta do produtor de rede, porque, lá, cada casa tinha um ou dois teares. O tingimento era feito nessas panelas de cobre e outra coisa, o corante era "direto", mais barato e tingia esse tipo de fio, misturado com sal. Quando eles botavam as redes nas costas e suavam, o suor provocava a retirada do corante e esse corante sujava e manchava.

O novo fio de "desfibrado" era feito com aparas de malhas, tintas com corantes de cores firmes e de boa qualidade (corante reativo), então era um fio de melhor qualidade. Eu posso hoje me orgulhar de ser introdutor dessa tecnologia aqui no Nordeste.

E um desafio para toda a cadeia têxtil nas palavras de Reinaldo:

(...) a evolução tecnológica provoca uma diminuição das necessidades de mão de obra, exceto na confecção. Até hoje a confecção é a única indústria social, porque atrás de cada máquina de costura tem uma funcionária. Expandir a indústria de confecção significa gerar mais empregos. Na indústria têxtil já é o contrário, a tecnologia permite que você diminua a mão de obra e aumente a produtividade. Quando eu comecei na indústria têxtil nos anos 1963, uma tecelã tomava conta de só dois teares, a produção desta tecelã era, no máximo, de 2.000 metros de tecido por mês. Hoje, uma tecelã toma conta de até 36 máquinas e cada máquina dessas faz 10.000 metros de tecidos por mês. Então, a proporção é descabida porque a indústria têxtil, então, não vai oferecer muita oportunidade para expansão da mão de obra. Eles procuram enxugar o quadro porque é uma indústria de alto investimento, as máquinas são de alto valor, eles procuram economizar na mão de obra e aumentar em produtividade. Na confecção, felizmente, uma indústria social, precisa de mais mão de obra. Mas o governo precisa regular a entrada de produtos estrangeiros aqui no Brasil.

Neste depoimento do João Luiz, fica clara a mudança na formação do técnico têxtil por conta da evolução tecnológica:

Hoje, o técnico têxtil, ele não sai da escola direcionado para dirigir uma indústria. Hoje a evolução dos equipamentos, a evolução do processo, a evolução da competição, demandam que, quando você vai, por exemplo, abrir uma empresa, você vai precisar de técnicos de fiação, técnicos de tecelagem. Hoje, nas escolas não é objetivo formar pessoas para dirigir uma fábrica, pra participar da estrutura da organização. Ele pode adquirir com o passar do tempo qualidade. Para dar um exemplo, me recordo perfeitamente que, na segunda turma, formou-se um cidadão chamado Silvio Diniz. Ele começou num cargo dos mais humildes de uma fábrica chamada Cedro Cachoeira e, quando ele saiu da escola, já voltou para Cedro com cargo importante, e, homem, galgou todos os postos e se tornou Presidente da Cedro durante muitos anos, até se retirar por força do estatuto da aposentadoria.

Ricardo destaca a importância da atualização tecnológica somada à excelência dos docentes na formação do técnico têxtil:

A nossa aqui, a Francisco Matarazzo, hoje também a considero uma escola completa, com ótimos professores e maquinários atualizados e de última geração também.

E o Julio Caetano discutindo o problema da concorrência no setor têxtil:

Essa questão dos importados já é mais recente. Depois do Congresso de Santa Catarina que nós tivemos em 2002, fizemos uma comemoração dos 40 anos da ABTT e a ABTT já trouxe o assunto das exportações. A ABTT trouxe especialistas, o Paulo Skaf deu a mão para a ABTT, contratou um especialista, o Roberto Gianneti da Fonseca para fazer uma palestra para a ABTT. Nessa palestra, o José Alencar, que já era Vice-presidente da República em 2002, compareceu. Então, tinha desde Vice-presidente da República até chão de fábrica, dando essas informações em 2002; hoje, nós estamos em 2006, todo mundo preocupado, mas a ABTT já estava preocupada antes disso, já estava dando o recado antes disso. Mas é natural que nem todos adquiram e aceitem essas informações quando a gente quer dar, mas isso demonstra que a ABTT estava à frente de muita gente, o Vice-presidente foi lá, ele estava prestigiando, isso é importante.

O FUTURO DA ABTT

Para o João Luiz, o futuro da ABTT se entrelaça no futuro da própria indústria têxtil:

Eu acho que o futuro da ABTT é o futuro da indústria têxtil no Brasil, ou seja, ela tem papel importante, mesmo porque já faz um bom tempo que ela deixou de ser, não só uma associação que se preocupa em atualizar tecnicamente e tecnologicamente os seus associados, como também os não associados; você tem que lembrar que os congressos são para todos, associados e não associados. O fato de a ABTT ter, por exemplo, realizado, desde sua fundação em 1962 e a cada dois anos, um congresso, congresso nacional. Só pra dar um exemplo, nos últimos congressos feitos aqui em São Paulo, teve 18 convidados do exterior, então, os maiores especialistas do mundo em suas respectivas áreas na cadeia têxtil que é muito longa estiveram aqui presentes. Então, o futuro da indústria têxtil, é então o futuro da ABTT é ligado ao futuro do setor como um todo e o setor têxtil tem lutado muito, não é uma luta fácil e tem estado também este tempo, tem tido este caráter político, ou seja, a ABTT está participando, há um bom tempo, junto com os órgãos que representam o setor, a própria ABIT (Associação Brasileira Indústria Têxtil), Sindicatos Estaduais, Sindicatos dos Trabalhadores, a CNI, a federação das indústrias dos vários estados, tratando de defender os interesses do nosso setor. Nós somos o segundo maior empregador do País, utilizando hoje diretamente 1.700.000 colaboradores. Se você juntar isso no efeito renda nas famílias envolvidas, na terceirização, esse número chega fácil a seis milhões de pessoas que dependem da indústria têxtil, e a indústria têxtil tem que ser respeitada porque outros blocos têm força política e nós estamos tratando de buscar este caminho, encerrando fileiras com as entidades sérias que também têm esta finalidade, ou seja, ajudar um setor que é muito importante no Brasil e no mundo todo para continuar forte, gerando emprego e renda pro Brasil.

Na opinião do Waumy, a necessidade de voltar às origens, às ideias que levaram a sua fundação:

A ABTT precisa ser reavaliada porque ela mudou muito, deixou de ser como era no início, que procurava basicamente atender as necessidades dos associados. A gente dava muita atenção à carteira de emprego, principalmente, pela característica social do Teodomiro. Se o técnico tinha um problema de emprego ele procurava a ABTT, e nós sempre procurávamos ajudar, convocando o auxilio de técnicos bem empregados para fazer esta corrente positiva. Hoje, a ABTT cresceu muito, o Brasil é muito grande, ficou muito espalhada, ela perdeu muito dessa característica. E o que eu sinto mais, hoje, é que ela, na realidade, tem uma visão muito mais de congresso; quando chega no congresso aí ela é forte, ela aparece, vai todo mundo, todo mundo está junto, todo mundo se confraterniza, a maior parte das pessoas hoje vem mais no sentido da confraternização mesmo, do que até o conhecimento, mas, depois disso, ela se encolhe.

Para o Julio, o futuro já começou nas mudanças implementadas pela ABTT na parte administrativa e na atualização por meio da informatização:

Eu acho que, com essa nova mentalidade, que eu posso citar o próprio João Luiz, Reinaldo, o Barbosa, o Marcelo, Geraldo, tem mais gente, tem o Erivaldo, são pessoas com mente mais aberta, são pessoas que estão lutando, porque eu acho que a ABTT e o Brasil estão na mesma situação, estão no mesmo dilema, então, nós temos muita coisa pela frente e temos que enfrentar o caso do computador, a Internet (...).

Então, esse é o futuro da ABTT. A ABTT está se fixando no seu local de origem que é a sede social, quando perguntam: onde está a ABTT? Está em tal lugar, assim, sede própria e tudo está se organizando administrativamente, esse passo que foi dado com a centralização através de computadores, então, essa centralização que o João Luiz promoveu e que custa dinheiro para a ABTT na parte de informática é um negócio extraordinário, *é um salto*. (...) Então, eu acho que o Brasil hoje está vivendo numa época muito perdida, que nós estamos temerosos do amanhã, então a ABTT não está mais temerosa do amanhã; a ABTT sabe que, nos próximos anos, vai ter gente muito capaz e muito competente para caminhar.

Reinaldo destaca o valor da informação, da transmissão de tecnologia:

A ABTT organiza esses eventos e congressos onde fazemos parte de transmissão de tecnologia, e a ABTT vai continuar cada vez mais trabalhando para que essa informação chegue a todos os que precisam conhecer. A mudança tecnológica hoje é muito rápida e a velocidade com que esta informação chega nos locais – que, às vezes são afastados, mas precisam ter esta informação – é mais lenta, então a ABTT tenta encurtar esta distância. A ABTT vai continuar, acredito, sendo, mesmo com os próximos presidentes, uma associação que leva conhecimento, não se transformará em entidade de classe, acho que nem tem espaço para isso. (...) temos aí as feiras: Febratex em Blumenau, Seritex em Goiânia, Tecnotextil em São Paulo e Maquintex em Fortaleza, todas muito bem organizadas pela FCEM, nosso grande parceiro, e nós temos a felicidade de poder organizar nossos seminários junto com estas feiras, o que facilita bastante trabalho da ABTT, visto que a feira atrai grande número de interessados e o seminário também atrai, o que também reforça o público dessas feiras. (...) também a ABTT passou a participar ativamente de movimentos de defesa da indústria brasileira, oferecendo inclusive espaço para a Frente Nacional Mista José Alencar de Defesa de Indústria Têxtil e de Confecção, nos eventos.

Nas palavras do Ricardo:

Para quem viu a ABTT nascer e a acompanha nos seus 50 anos, sabe muito bem o que ela passou, o quanto ela cresceu e tornou-se de importância muito grande dentro da cadeia têxtil. É uma associação que nasceu em bom berço, por ter sempre presidentes e colaboradores com orgulho de pertencer a uma associação que enobrece o técnico têxtil. Se assim ela continuar, só tende a continuar a ser de grande expressão dentro da nossa indústria e do Brasil.

Para terminar, fazemos nossas as palavras do seu atual Presidente, Reinaldo Aparecido Rozzatti:

Gostaria aqui de cumprimentar, nestes 50 anos, aqueles que, 50 anos atrás, se reuniram e fundaram esta associação, e todas essas pessoas que, nesses 50 anos, passaram e deram o melhor de si para que ela continuasse crescendo e chegasse ao alto grau em que ela está hoje dentro da indústria têxtil e de confecção brasileira.

María Liliana Inés Emparan Martins Pereira
é psicanalista e psicopedagoga, mestre em Psicologia e Educação e professora de Pós-graduação.

Introdução

Quando, em 1949, teve início o primeiro ano letivo da primeira escola de formação de técnicos têxteis do Brasil – antiga ETIQT, hoje SENAI/CETIQT, Centro de Tecnologia da Indústria Química e Têxtil –, o setor têxtil brasileiro guardava na memória os tempos gloriosos de dinamismo e sólida estrutura forjada por ocasião da Segunda Guerra Mundial. No mercado mundial, o Brasil figurava expressivamente como exportador de produtos têxteis nessa época – entre 1942 e 1947, o Brasil exportou, aproximadamente, 20 mil toneladas de tecidos e 2,5 mil toneladas de fios, movimentando um valor de cerca de U$ 60 milhões –, e o setor produtivo de moda lutava por abastecer o mercado interno com seus próprios tecidos, suprindo a carência de importados desses tempos conturbados. As fábricas cresceram, aumentaram os turnos de trabalho e a necessidade de mão de obra.

Porém, sendo o Brasil um país ainda subdesenvolvido no período pós-guerra, não foi capaz de se manter na posição de segundo produtor mundial do setor têxtil, visto que a pronta recuperação dos países desenvolvidos acabou fechando as portas aos seus tecidos. E não só isso: também os equipamentos obsoletos e a falta de mão de obra qualificada resultavam em produtos de baixa qualidade e pouca aceitação – em 1960, caía para pouco mais de U$ 4 milhões a arrecadação com a exportação de cerca de 2 mil toneladas de fios, tecidos e artigos diversos.

Num *timing* perfeito, iniciativa privada e Governo ergueram as mangas para reverter a situação depois da Segunda Guerra Mundial. A política de fomento à industrialização nacional do Governo investiu na aquisição de tecnologia e na fabricação de maquinaria, enquanto a ETIQT passou a formar mão de obra nacional e qualificada, que substituiria e complementaria a imigrante.

A eletricidade substituiu o vapor na alimentação das máquinas, e isso permitiu o uso de equipamentos mais modernos, rápidos e eficientes. Acompanhando a tendência mundial, a indústria têxtil passou a desenvolver tecidos sintéticos, como o tergal, o nylon e a helanca, e, com isso, aumentava a oferta de tecidos que os estilistas como Gil Brandão e Dener utilizavam em calças masculinas de vinco bem marcado, em saias plissadas e vestidos bem rodados e calças *cigarrete* nas décadas de 1950 e 1960. Era o momento propício de dar o tom brasileiro à moda europeia, quando o crescimento da classe média, da urbanização, em consequência da industrialização, e dos meios de comunicação criaram o caldo de cultura para o fenômeno moda no Brasil.

Fenômeno cuja integração com a indústria da tecelagem começou formalmente em 1958, quando aconteceu em São Paulo a primeira Fenit, Feira Nacional da Indústria Têxtil, ideada por Caio de Alcântara Machado, à época um jovem empresário de visão e talento que vislumbrou em seu projeto a oportunidade de reunir fabricantes de tecidos e consumidores em volta do apaixonante tema da moda.

Fabricantes podiam conhecer a concorrência, trocar informações técnicas, atualizar-se em termos de tecnologia e de tendências da moda, além de sentir a resposta dos consumidores a seus produtos; e o público, podia se maravilhar com a imensa exposição de tecidos e possibilidades.

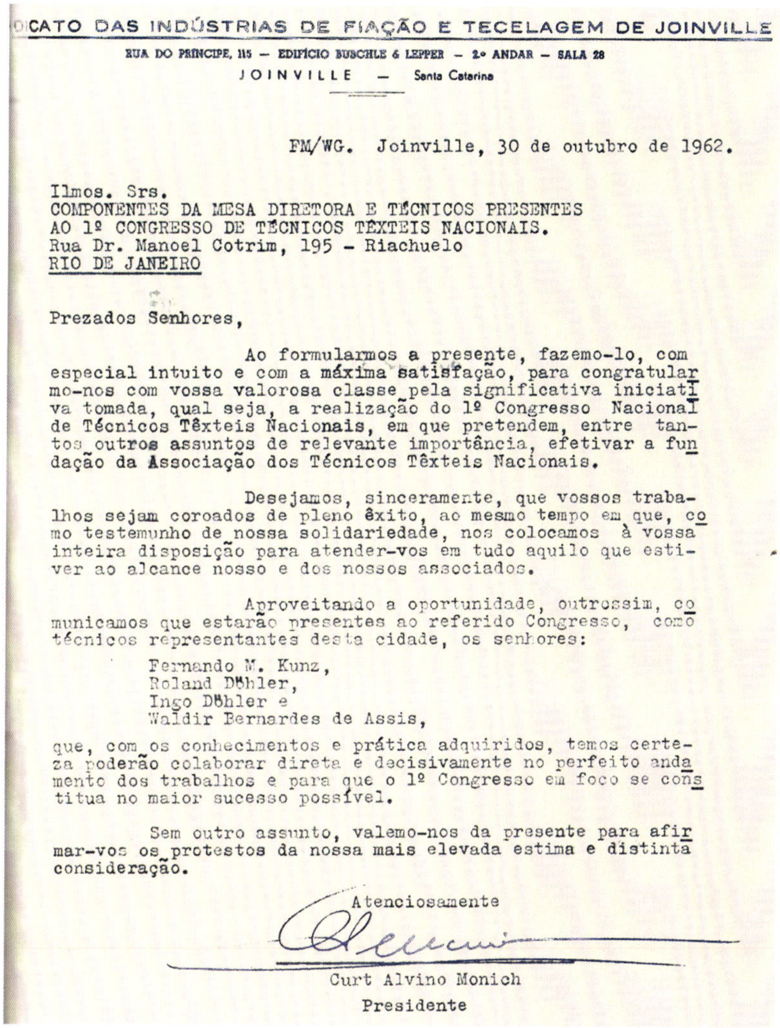

CATO DAS INDÚSTRIAS DE FIAÇÃO E TECELAGEM DE JOINVILLE

RUA DO PRÍNCIPE, 115 – EDIFÍCIO BUSCHLE & LEPPER – 2º ANDAR – SALA 28

JOINVILLE — Santa Catarina

FM/WG. Joinville, 30 de outubro de 1962.

Ilmos. Srs.
COMPONENTES DA MESA DIRETORA E TÉCNICOS PRESENTES
AO 1º CONGRESSO DE TÉCNICOS TÊXTEIS NACIONAIS.
Rua Dr. Manoel Cotrim, 195 - Riachuelo
RIO DE JANEIRO

Prezados Senhores,

Ao formularmos a presente, fazemo-lo, com especial intuito e com a máxima satisfação, para congratular-mo-nos com vossa valorosa classe pela significativa iniciativa tomada, qual seja, a realização do 1º Congresso Nacional de Técnicos Têxteis Nacionais, em que pretendem, entre tantos outros assuntos de relevante importância, efetivar a fundação da Associação dos Técnicos Têxteis Nacionais.

Desejamos, sinceramente, que vossos trabalhos sejam coroados de pleno êxito, ao mesmo tempo em que, como testemunho de nossa solidariedade, nos colocamos à vossa inteira disposição para atender-vos em tudo aquilo que estiver ao alcance nosso e dos nossos associados.

Aproveitando a oportunidade, outrossim, comunicamos que estarão presentes ao referido Congresso, como técnicos representantes desta cidade, os senhores:

Fernando M. Kunz,
Roland Döhler,
Ingo Döhler e
Waldir Bernardes de Assis,

que, com os conhecimentos e prática adquiridos, temos certeza poderão colaborar direta e decisivamente no perfeito andamento dos trabalhos e para que o 1º Congresso em foco se constitua no maior sucesso possível.

Sem outro assunto, valemo-nos da presente para afirmar-vos os protestos da nossa mais elevada estima e distinta consideração.

Atenciosamente

Curt Alvino Monich
Presidente

Carta do Sindicato das Indústrias de Fiação e Tecelagem de Joinville parabenizando a Mesa Diretora do I Congresso de Técnicos Têxteis Nacionais pela iniciativa. (Documento do acervo da ABTT.)

Até 1962, ano da fundação da ABTT – Associação Brasileira de Técnicos Têxteis –, profissionais formados no país disputavam espaço na indústria têxtil nacional com estrangeiros, imigrantes que praticamente haviam chegado ao Brasil com a industrialização e feito carreira na prática do dia a dia das fábricas. É inegável a importância dos imigrantes na evolução do setor têxtil, tanto dos não especializados quanto dos profissionais de nível superior. Engenheiros e mecânicos estrangeiros chegavam com o maquinário importado e a responsabilidade de montá-lo e de treinar operadores, técnicos também estrangeiros. Desse modo, dirigentes industriais não se interessavam por recém-formados nacionais inexperientes, e a falta de representação do setor técnico têxtil se fazia sentir na pouca força dos novos operários no mercado de trabalho. A profissão de técnico têxtil nem sequer era reconhecida no Brasil, ainda, o que justificava a contratação de estrangeiros para o setor.

Foi de dentro da ETIQT que brotou um grupo de amigos interessados em mudar esse panorama. Eram pessoas que sentiam na pele a dificuldade de inserção e de reconhecimento no mercado de trabalho. Em entrevista concedida a María Liliana Inés Emparan, em 2006, por ocasião do 44° aniversário da Entidade, Julio Caetano Horta Barbosa Cardoso contou que o professor Teodomiro Firmo da Silva Neto, da ETIQT, cedia sua sala para as reuniões antes de a Associação ter sua sede própria.

Julio Caetano, eleito secretário na reunião de fundação da ABTT, em 1962, e hoje membro do Conselho Consultivo, contou que um grupo da escola resolvera se reunir para resgatar uma antiga associação, que inclusive, tinha estatuto, mas que estava abandonada. Foi nessa reunião de 2 de novembro de 1962, enquanto acontecia no Rio de Janeiro o I Congresso de Técnicos Têxteis Nacionais, que fundaram a Associação Brasileira de Técnicos Têxteis — ABTT — e estabeleceram seu primeiro estatuto, que reza:

> Art. 3º — A Associação tem por objetivo
>
> a) promover a solidariedade e a união entre os integrantes do seu quadro social;
>
> b) promover o intercâmbio de ideias e experiências entre os seus associados e os demais profissionais têxteis de outros países, bem como com entidades congêneres nacionais e estrangeiras;
>
> c) promover assistência técnica, social e jurídica aos seus associados;
>
> d) estimular e promover o desenvolvimento de pesquisas que venham beneficiar a tecnologia têxtil nacional;
>
> e) regulamentar e definir as atividades profissionais dos técnicos têxteis.

Flâmula do
I Congresso de Técnicos Têxteis Nacionais,
também primeiro logotipo da ABTT. (Documento do acervo da ABTT.)

Esse foi apenas o primeiro passo de uma trajetória que completa 50 anos em 2012, e as conquistas da Associação não se deram em um passe de mágica. Seus integrantes sofreram o acosso da Ditadura Militar enquanto procuravam se estabelecer como órgão defensor dos interesses da classe. E o interesse primeiro sempre foi a regulamentação da profissão de técnico têxtil.

A importância e a expressividade da ABTT no setor têxtil nacional, ao lado de instituições como o SENAI/CETIQT e a ABIT (Associação Brasileira da Indústria Têxtil), mostraram ser de tal magnitude desde o início que a indústria da tecelagem no Brasil não seria o que é hoje sem sua participação. Embora, até 1989, apenas técnicos e engenheiros têxteis fizessem parte do quadro de associados da ABTT, hoje, a entidade é aberta a todos os profissionais, devidamente formados, que militam na cadeia produtiva têxtil brasileira.

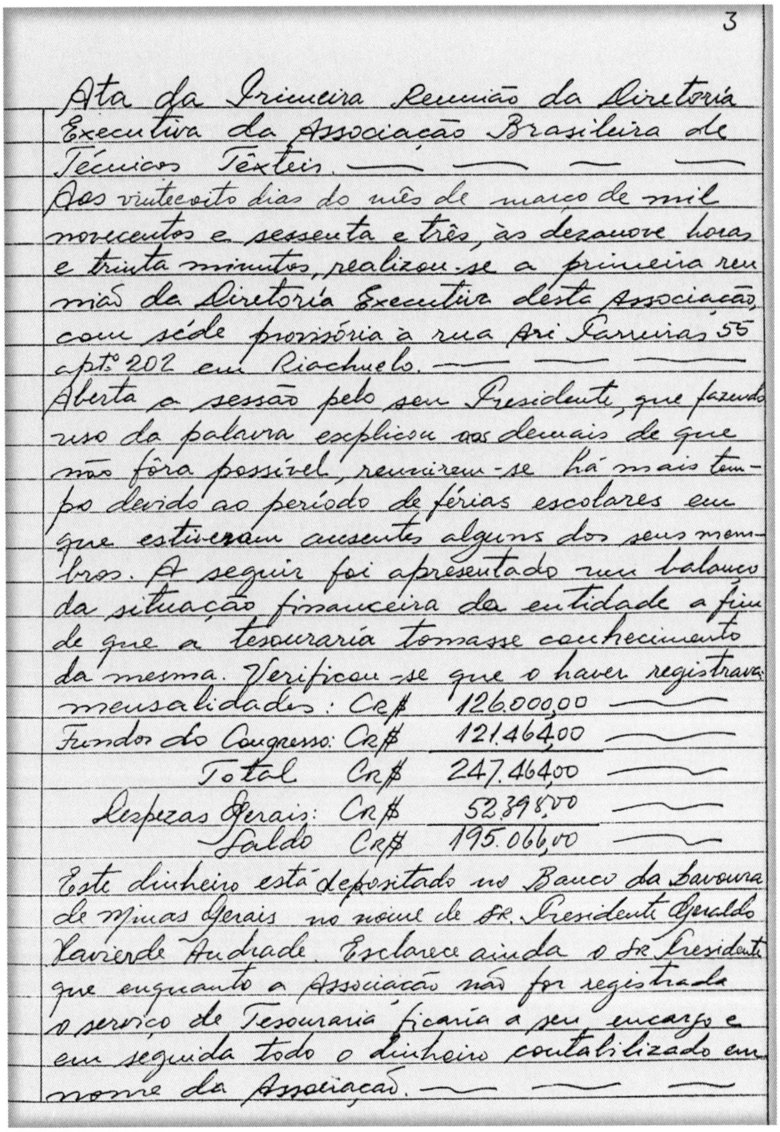

3

Ata da Primeira Reunião da Diretoria Executiva da Associação Brasileira de Técnicos Têxteis. — — — —

Aos vinteoito dias do mês de março de mil novecentos e sessenta e três, às dezanove horas e trinta minutos, realizou-se a primeira reunião da Diretoria Executiva desta Associação, com sede provisória à rua Ari Parreiras 55 aptº 202 em Riachuelo. — — —

Aberta a sessão pelo seu Presidente, que fazendo uso da palavra explicou aos demais de que não fôra possível reunirem-se há mais tempo devido ao período de férias escolares em que estiveram ausentes alguns dos seus membros. A seguir foi apresentado um balanço da situação financeira da entidade a fim de que a tesouraria tomasse conhecimento da mesma. Verificou-se que o haver registrava:

mensalidades: Cr$ 126.000,00 —

Fundos do Congresso: Cr$ 121.464,00 —

Total Cr$ 247.464,00 —

Despezas Gerais: Cr$ 52.398,00 —

Saldo Cr$ 195.066,00 —

Este dinheiro está depositado no Banco da Lavoura de Minas Gerais no nome do Sr. Presidente Geraldo Xavier de Andrade. Esclarece ainda o Sr. Presidente que enquanto a Associação não for registrada o serviço de Tesouraria ficaria a seu encargo e em seguida todo o dinheiro contabilizado em nome da Associação. — — —

Ata da primeira reunião da Diretoria Executiva da Associação Brasileira de Técnicos Têxteis (acervo da ABTT).

Fundação da ABTT, 2 de novembro de 1962, com a presença de 74 técnicos têxteis*. Sob a presidência de João Pedrosa Castelo, foi aprovado o estatuto e eleita a primeira diretoria da ABTT:

Geraldo Xavier de Andrade, presidente;
Cláudio Vieira de Carvalho, vice-presidente;
Teodomiro Firmo da Silva Neto, 1º secretário;
Celso Valente Campelo, 2º secretário;
Júlio Caetano Horta Barbosa Cardoso, 1º tesoureiro;
Luiz Carlos Pestana, 2º tesoureiro.

*Nominados a partir da página 166.

João Pedrosa Castelo
Presidente por ocasião da fundação da ABTT – Rio de Janeiro/RJ

Presidentes eleitos no período

1962/1964	Geraldo Xavier de Andrade	Núcleo RJ
1964/1966	Teodomiro Firmo da Silva Neto	Núcleo RJ
1966/1968	Teodomiro Firmo da Silva Neto	Núcleo RJ
1968/1970	Hélcio Gomes Ribeiro	Núcleo RJ
1970/1972	Teodomiro Firmo da Silva Neto	Núcleo RJ

O CENÁRIO

Início da década de 1960, momento nada confortável para a indústria têxtil no Brasil.

O mercado consumidor fervilhava já na década de 1950, dentre outras coisas, por conta do advento da televisão. A publicidade divulgava os produtos, os programas e as notícias aproximavam o resto do mundo ao Brasil, criando demanda de novos artigos, e o mercado consumidor crescia. Também desde a primeira edição, a FENIT ajudou a criar a necessidade de alavancar o setor de produtos têxteis para atender ao mercado da moda, o que exigia da indústria têxtil ampliação, diversificação, modernização, incremento da produção.

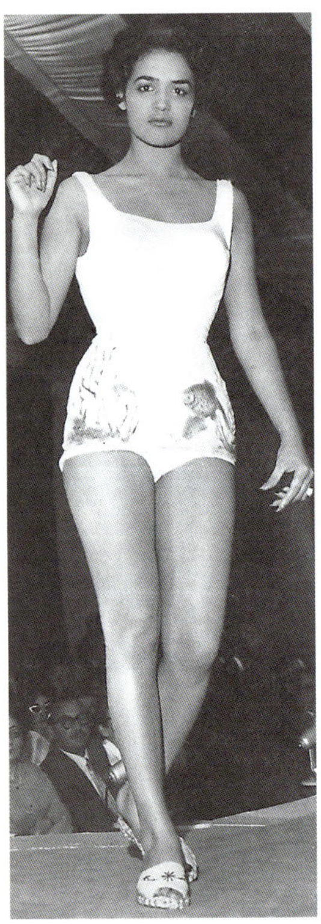

A FENIT simbolizava fortemente o novo nível de organização da moda no Brasil: a produção voltada a um novo mercado consumidor. A feira permitia unir os fabricantes de fios sintéticos e as tecelagens brasileiras, que, juntas, alimentavam o mercado com os produtos da nova tecnologia têxtil.

Mas, por conta de o setor se enquadrar, à época, na categoria "não prioritária", os industriais da área sofriam com a falta de linhas de crédito governamental; viam-se impedidos de renovar maquinário e acompanhar a evolução tecnológica – isso porque a indústria têxtil atendia ao mercado interno e externo e empregava, em 1964, 300 mil pessoas diretamente e 500 mil indiretamente (na produção de matéria-prima), o que representava 25% da renda nacional.

Para se ter uma ideia da situação do parque têxtil nacional no início da década, na produção de algodão, 79% dos fusos e 68% dos teares eram obsoletos. Na mesma condição estavam 19% dos fusos e 78% dos teares de fios sintéticos. Segundo relatório da CEPAL (Comissão Econômica para a América Latina e Caribe – ONU), de 1962,

A indústria têxtil nacional vem, de ano a ano, aumentando sua contribuição na formação de divisas essenciais ao comércio exterior do Brasil. Entretanto, essa colaboração poderia ser sensivelmente ampliada desde que condições favoráveis fossem criadas para o reequipamento do ramo industrial têxtil, atualmente operando, em parte, com máquinas antiquadas que gravam consideravelmente o custo industrial. O reequipamento da indústria têxtil possibilitará não só o aumento da produção, como, principalmente, a redução de custos, colocando à disposição do País o extraordinário volume de manufaturados para exportação.

Só em 1965, e em decorrência da presença ativa de entidades representativas do setor, é que o setor têxtil foi incluído nos grupos preferenciais de indústrias na pauta do Plano de Ação Estratégica do Governo. Passou a usufruir de proteção tarifária, de linhas de financiamento, assim como já usufruíam os demais setores da indústria nacional, e pôde investir na renovação para o crescimento.

Presença ativa inclusive da ABTT, que já lutava por uma política de modernização constante, tanto no referente a máquinas e equipamentos quanto à formação de mão de obra qualificada.

No concernente a ensino profissionalizante, o SENAI também atuava na formação na área têxtil desde 1958. Sua Escola SENAI "Francisco Matarazzo" em São Paulo foi a primeira a oferecer cursos técnicos. Os cursos e treinamentos que oferecia – e que oferece até hoje – foram sempre destinados exclusivamente ao setor têxtil.

O CETIQT/ETIQT já atuava havia dezesseis anos na formação de técnicos têxteis, e a FEI (Faculdade de Engenharia Industrial) engatinhava na formação de sua primeira turma de Engenharia de Operação Têxtil. O curso nasceu em agosto de 1963, pela mobilização do SINDITÊXTIL-SP e um grupo de empresários, atentos à demanda do mercado de trabalho.

Engatinhava, sim, porque a trajetória do curso foi lenta e mutável ao longo de anos. Inicialmente, o curso oferecido pela FEI chamava-se Engenharia de Operação Têxtil, tinha três anos de duração e formava tecnólogos. Em 1965, antes da conclusão aos estudantes a possibilidade de obter diploma de engenheiros mediante o curso de dois anos complementares. Em 1967, a FEI oferecia formação em Engenharia Mecânica e Engenharia Química, ambas com opção Têxtil. Em 1982, o curso denominava-se Engenharia Mecânica, Ênfase Têxtil, e, por fim, em 1987, foi insitituído o curso de Engenharia Têxtil.

Voltando a 1964, por ocasião do I Congresso Nacional da Associação Brasileira de Técnicos Têxteis – Belo Horizonte, 4 a 7 de setembro –, em relatório da Diretoria Executiva, ficava definida a ação, junto ao Governo, em favor da regulamentação da profissão de técnico têxtil, aspiração que nasceu junto com a ABTT.

A entidade já tinha notícia da existência de um Projeto de Regulamentação dos Técnicos Industriais, que tramitava na Câmara dos Deputados. Após solicitar uma cópia do projeto à UNETI – União Nacional dos Estudantes Técnicos Industriais –, responsável pela elaboração do anteprojeto, e de concluir que não atendia aos anseios da classe de técnicos têxteis, os associados decidiram elaborar e apresentar emendas ao projeto, e lutar por sua aprovação.

Por intermédio de um aluno da ETIQT, Carlos Pinheiro, conseguiram o contato e o aconselhamento do Deputado Federal Audisio Pinheiro (falecido em 1973). Pelo deputado, souberam que seria mais fácil e rápido apresentar as emendas enquanto o projeto se encontrasse na Comissão de Justiça da Câmara, pois, desse modo, ao chegar à discussão do Plenário, já teria parecer.

A Diretoria Executiva deliberou, então, redigir as emendas nesse I Congresso e posteriormente apresentá-las ao Deputado Pinheiro. O passo seguinte seria a luta pela aprovação.

Porém, a ABTT logo entendeu que, em vez investir na aprovação de um projeto na Câmara, conviria tentar obter o reconhecimento, por parte do Ministério do Trabalho, de uma associação profissional. Considerando que uma das principais razões para a fundação e existência da ABTT era a luta pela regulamentação da profissão, que nem sequer se encontrava relacionada no Quadro de Categorias Profissionais do Ministério do Trabalho, em 1.º de maio de 1965, foi fundada a Associação Profissional de Técnicos Têxteis, devidamente registrada em cartório e junto ao Ministério do Trabalho e Previdência Social.

MINISTÉRIO DO TRABALHO E PREVIDÊNCIA SOCIAL

Certificado do registro de Associação Profissional

O Delegado Regional do Trabalho, no Estado da Guanabara, certifica que a Associação Profissional dos Técnicos Têxteis do Brasil . . . . com sede em Rio de Janeiro - Estado da Guanabara . . foi registrada nesta Delegacia sob o n.º DRT- 14.969/66 : no livro nº 1 (um) . . . . fls 10 (dez) . . . , em 14 de novembro de 1966 na conformidade do artigo 558 e seus parágrafos da Consolidação das Leis do Trabalho.

Rio de Janeiro, 16 de novembro de 1966

DELEGADO REGIONAL DO TRABALHO

COLEÇÕES BANGU 1959

1 Virgínia Barreto Reis, do Vasco da Gama, Rio de Janeiro; Alda Cansação, de Maceió, Alagoas; Lúcia Cândida de Azevedo, do Pará; Caty de Wit, do Clube Comercial, Rio de Janeiro; e Neusa Pires de Azevedo, de Bauru, São Paulo.(Foto: Revista Querida, segunda quinzena de dezembro de 1958. **2** Maria Helena Quirino dos Santos, de Araraquara, São Paulo, Miss Elegante Bangu 1958, com um modelo da coleção 1959. (Foto: Revista Querida, segunda quinzena de dezembro de 1958). **3** Ana Paola Giaquinto, do Paulistano A.C., São Paulo, e **4** Karin Marsen, do E. C. Pinheiros, São Paulo. (Foto: Revista Querida, segunda quinzena de dezembro de 1958). **5** Tânia Nizzo, do Botafogo, Rio de Janeiro, e **6** Nice Santos, do Clube da Aeronáutica, Rio de Janeiro, em modelos no estilo "ballonée".(Foto: Revista Querida, segunda quinzena de dezembro de 1958). Imagens recolhidas no passarelacultural.blogspot.com.br.

A MODA

Historicamente falando, podemos considerar que a fábrica Tecidos Bangu, nos anos 1950, foi a criadora dos desfiles de moda no Brasil. Por suas passarelas desfilavam mulheres da alta sociedade brasileira exibindo peças confeccionadas com os tecidos de alto padrão da marca Bangu. A iniciativa foi de Candinha Silveira, esposa de um dos proprietários da Tecidos Bangu, Joaquim Guilherme da Silveira: em 1951, lançou o primeiro Concurso Miss Elegante Bangu, um evento beneficente que alcançou força nacional.

A década de 1960 caracterizou-se por um acelerado desenvolvimento tecnológico, do qual a indústria têxtil não ficou de fora. Os tecidos sintéticos ganhavam cada vez mais mercado, por conta da praticidade e do caimento que propiciavam. O Tergal substituía o linho em ternos, com a vantagem de não amassar, dando mais liberdade de movimento aos jovens – aliás, liberdade era a palavra de ordem da época. A Lycra complementava o Lastex, mas não mais para uso exclusivo em trajes de banho, e sim para fazer parte de mesclas em tecidos que se modelavam melhor no corpo; e o Nycron concorria com o Tergal, o primeiro fabricado pela pequena Sudamtex e o segundo pela gigante Rhodia. Com apoio desta última, começa uma série de desfiles de moda na Fenit, que foram estratégicos para alavancar o setor no País.

Foi uma época de efervescência política, social, cultural e ideológica, de movimentos de transformação nos costumes,

como a contracultura e o pacifismo. Os ídolos internacionais apaixonavam o Brasil também, ditando moda. Elvis Presley, The Beatles, Jacqueline Kennedy, Audrey Hepburn, Twiggy. E os nacionais, como Maria Tereza Goulart, Ieda Maria Vargas, Roberto e Erasmo Carlos, Wanderléa, Os Mutantes e a Jovem Guarda.

ACONTECEU NA DÉCADA

Inaugurando a tradição, mantida até os dias atuais, a Associação Brasileira de Técnicos Têxteis realizou seu primeiro congresso dois anos após sua fundação. Foi sediado em Belo Horizonte, de 4 a 7 de setembro de 1964.

I Congresso Nacional de Técnicos Têxteis
Belo Horizonte, 4 a 7 de setembro de 1964

Alguns colegas da 10ª turma em visita ao Lanifício Inter Americano de Petrópolis – setembro de 1960.

Estiveram presentes 63 congressistas, procedentes de diversos estados do País, além de representantes da imprensa. O sr. Jessé Antonio e Silva, em nome do Núcleo de Minas Gerais da ABTT, deu as boas-vindas a todos, ressaltando a importância do Congresso e dos benefícios que dele resultariam, não só para cada participante em particular, mas também para a própria indústria do País.

A mesa diretora do I Congresso nacional da ABTT foi composta por:

- PRESIDENTE: Aristides Mario Ranche Ferreira, presidente do Sindicato das Indústrias de Fiação e Tecelagem do Estado de Minas Gerais.
- VICE-PRESIDENTE: Gustav Robert Fried, da Norconsult, São Paulo.
- 1º SECRETÁRIO: Geraldo Xavier de Andrade, da Escola Técnica de Química e Têxtil da Guanabara.
- 2º SECRETÁRIO: Roberto A. Grossi, das I. R. F. Matarazzo, São Paulo.

No coquetel oferecido pelo Sindicato das Indústrias de Fiação e Tecelagem do Estado de Minas Gerais por ocasião da abertura do I Congresso, o dr. Cesar Gonçalves de Souza tomou a palavra. Deu as boas-vindas aos congressistas dizendo que Minas Gerais e seus industriais os recebiam de braços abertos, pois reconheciam a importância dos técnicos têxteis para o desenvolvimento da indústria brasileira.

A seguir, falou o congressista Roberto A. Grossi, afirmando que, ao deixar seu estado natal – São Paulo –, jamais poderia imaginar uma acolhida, um apoio e atenções como as que foram dispensadas a todos os congressistas. Agradecendo em seu nome e da ABTT, lembrou ainda aos presentes que sua profissão – a de técnico têxtil – não teria significado algum não fosse a visão, a iniciativa, o desprendimento e, até mesmo, a coragem de pioneiros que, como aqueles industriais ali presentes, apesar de todas as adversidades, implantaram e desenvolveram a indústria têxtil no Brasil.

Na noite do dia 4 de setembro de 1964, no salão nobre do Banco do Comércio e Indústria de Minas Gerais, houve a sessão solene de abertura do I Congresso Nacional da ABTT. Na ocasião, foi homenageada a srta. Maria Lúcia da Silva Lindgren, primeira mulher formada Técnica Têxtil no País.

Em nosso estado, a ABTT tem recebido e continuará a receber o melhor apoio dos técnicos têxteis e a mais ampla compreensão das empresas correspondentes. Espero que esse apoio e compreensão se generalizem por todo o País, criando condições para que a associação prestigiada se faça prestigiosa no estudo e encaminhamento das grandes soluções que aguarda o parque têxtil nacional. (Palavras de encerramento do discurso do primeiro orador da noite, sr. Aristides Mario Rache Ferreira.)

II Congresso Nacional de Técnicos Têxteis
São Paulo, 12 a 15 de agosto de 1966

Em agosto de 1966, São Paulo teve a honra de sediar o II Congresso Nacional da ABTT. Em seus quatro anos de vida, a associação ainda trabalhava incessantemente pela regulamentação da profissão de técnico têxtil, pela consolidação da Carteira de Emprego e pela aquisição da sede própria.

Visita dos congressistas a uma indústria automobilística.

O processo de registro de uma Associação Profissional – opção escolhida para dispor de um órgão representativo que tivesse força para defender a regulamentação da profissão – ainda tramitava no Ministério do trabalho; em julho de 1966, o projeto nem sequer havia sido discutido no Plenário da Comissão de Enquadramento Sindical. Muitos interesses contrários em jogo faziam que, mesmo com a ABTT atendendo a todos os requisitos solicitados para a elaboração do parecer, a deliberação se estendesse.

Mais céleres vinham sendo os resultados da Carteira de Emprego. A ABTT conseguiu encaminhar mais de cinquenta profissionais, tanto por solicitação das indústrias como por iniciativa de técnicos. Propondo-se a funcionar como elo entre profissionais e indústrias têxteis, com a Carteira, a ABTT oferecia recursos humanos especializados no ramo têxtil, tornando mais fácil a seleção de elementos adequados; propiciava uma visão ampla do mercado de trabalho, dando ao técnico mais perspectivas e possibilidades de escolha, sem ônus algum.

E, por fim, o sonho da sede própria já ia se tornando realidade. Por questões de falta de recursos financeiros, a ABTT optou por adquirir uma sala comercial em um edifício em construção, que, em 1966, já se encontrava na 11.ª laje.

Já podiam contar com a real possibilidade de programar o próximo Congresso na sede própria. Motivo de orgulho para o quadro de associados, que com um crescimento de 80% no segundo biênio em relação ao primeiro, abarcava 90% dos técnicos têxteis no mercado de trabalho.

A mesa diretora do II Congresso nacional da ABTT contou com Roberto Armando Grossi, de São Paulo, como presidente.

ABTT
SECRETARIA GERAL

REQUISIÇÃO DE PROFISSIONAIS TÊXTEIS

EMPRESA SOLICITANTE: ....

RUA .... N.º .... Tel.: ....

BAIRRO .... CIDADE: .... ESTADO: ....

CONTATO PARA ENTREVISTA

NOME: .... FUNÇÃO: ....

ENDEREÇO: Rua .... N.º .... Tel : ....

REQUISITOS BÁSICOS PARA O PROFISSIONAL TÊXTIL

1. SEXO: Masculino ◯ Feminino ◯

2. IDADE: 18 a 25 anos ◯ 26 a 30 anos ◯ mais de 30 anos ◯

3. EXPERIÊNCIA PROFISSIONAL: .... ANOS

4. CONHECIMENTOS BÁSICOS EXIGIDOS

CURSO DE CONTRAMESTRE ◯ ESPECIALIDADE : ....
CURSO TÉCNICO TÊXTIL ◯ ESPECIALIDADE : ....
CURSO TECNÓLOGO ◯ ESPECIALIDADE : ....
CURSO ENGENHARIA TÊXTIL ◯ ESPECIALIDADE : ....

5. CURSO DE ESPECIALIZAÇÃO EXIGIDO: ADMINISTRAÇÃO DE EMPRESAS ◯
ECONOMIA ◯
ESTATÍSTICO ◯
PÓS – GRADUAÇÃO ◯
NENHUM ◯
OUTROS (Descrever) : ....

PROPOSTA DA EMPRESA

FUNÇÃO .... SALÁRIO: ....

CONTRATO ◯

CLT ◯

EXIGÊNCIA ADICIONAL: ....

VANTAGENS ADICIONAIS: ....

A EMPRESA, NÃO SENDO SEDIADA NO RIO DE JANEIRO, ARCARÁ COM AS DESPESAS DE VIAGEM E ESTADIA DOS CANDIDATOS A SELEÇÃO? SIM ◯ NÃO ◯

DATA: ...../...../.....

....
Assinatura do Empregador

Formulário que circulava, à época, por meio do qual as empresas do setor têxtil requeriam, à Carteira de Emprego da ABTT, indicação de profissionais qualificados. (Documento do acervo da ABTT.)

III Congresso Nacional de Técnicos Têxteis
Joinville, 1968

O III Congresso Nacional da ABTT teve a seguinte constituição:

Direção Geral

Presidente: Roland Döhler
Secretário: Geraldo Xavier de Andrade

Comissão Organizadora

Presidente: Geraldino Elísio Jung
Membros: Rubens Sombrio
Ulrich Kühn
Nilo Knop
Wilson Silva Baungärtner
Roland Döhler

Colaboradores

Adilson Maffezzoli
Ingo Döhler

Do discurso pronunciado pelo Prof. Teodomiro Firmo, Presidente da Associação Brasileira de Técnicos Têxteis ao tempo do III CNTT, na Sessão Solene de Instalação, destacam-se os seguintes excertos:

Ao iniciarem-se os trabalhos do III Congresso Nacional promovido pela Associação Brasileria de Técnicos Têxteis, não pude me furtar ao desejo de analisar certas peculiaridades da indústria têxtil brasileira, vistas à luz de alguns conceitos sociológicos, como parte da sociedade global de um país em desenvolvimento.

(...)

Há uma parte dessa indústria funcionando em moldes capitalistas, com estrutura e organização patrimoniais, relações industriais informais e de cunho paternalista, carentes de racionalização e normas burocráticas – resquício de uma sociedade patriarcal – cujos dirigentes, no dizer de Otávio Ianni, "carecem de lucidez para a determinação dos interesses que devem orientar o comportamento na esfera da atividade produtiva", voltada para uma economia de mercado.

Esses dois tipos de indústria determinam a existência de dois tipos de industriais com os quais terão que lidar, direta ou indiretamente, os técnicos têxteis.

É conveniente, portanto, que aprendam a distingui-los. Poderá ser útil em suas vidas profissionais.

À indústria de cunho pré-capitalista corresponde o industrial de origem agrário-comercial ou agro-mercantil. À indústria de caráter capitalista corresponde o empresário urbano-industrial.

O último, geralmente com duas ou mais gerações integradas no meio urbano-industrial, pauta sua direção por uma política racional, que atinge dos mais altos aos mais baixos escalões da estrutura empresarial. Em tais empresas, cabe ao técnico adaptar-se à política formal estabelecida, a qual orienta as relações industriais, as normas de produção e programação para a expansão.

É bem mais fácil o trabalho do técnico nessas empresas, pois ele dispõe de normas válidas e efetivas pelas quais orientar o seu comportamento. Basta que seja profissional competente e dedicado ao trabalho para encontrar o caminho da autorrealização. Não encontra aí grandes dificuldades.

É portando sobre o secundo tipo que queremos concentrar suas atenções.

O industrial de origem agro-mercantil tende a adotar uma política empresarial paternalista e patrimonialista, onde predominam o "nepotismo, o favoritismo, o filhotismo" nas relações industriais. É, em linguagem corrente, o "dono de indústria", expressão com que se o distingue do industrial propriamente dito.

(...)

Nesse tipo de empresa a posição do técnico é de grande insegurança, pois seu sucesso ou insucesso vai depender muito menos de suas qualificações e eficiêcia do que das simpatias que conseguir despertar entre os membros do clã empresarial.

É o lugar para o homem capaz de se dar bem com todos, incapaz de criar atritos, conciliador, o homem que prefere deixar o problema para "amanhã", pois enfrentá-lo hoje seria ferir suscetibilidades e colocar em jogo sua própria posição.

IV Congresso Nacional de Técnicos Têxteis
Juiz de Fora, 10 a 12 de julho de 1970

A mesa diretora do IV Congresso nacional da ABTT contou com Aristides Mario Rache Ferreira como presidente, e Florentino Roussenq como vice-presidente.

O presidente da Conferência foi João Pedrosa Castelo.

O CENÁRIO

Milagre Econômico Brasileiro. Assim ficou conhecido o período em que a economia brasileira viveu um crescimento surpreendente. Inflação sob controle, geração maciça de empregos, investimentos e capital estrangeiros que deixaram o mercado de consumo excitado. O Brasil chegou a figurar no *ranking* mundial como a 9.ª economia, e conseguiu, por um tempo, manter-se refratário à primeira crise do petróleo, que levou os Estados Unidos à recessão.

Nesse contexto, movia-se a indústria têxtil nacional no início da década de 1970. Tecnologia e capital estrangeiros, incentivos fiscais e financeiros administrados pelo Ministério da Indústria e Comércio – mais especificamente, pelo CDI, Conselho de Desenvolvimento Industrial – possibilitaram ao setor investir pesado na ampliação e modernização do parque têxtil, alavancando a produção e alimentando o consumismo efervescente, eufórico por conta da vitória brasileira na Copa do Mundo.

Mas, o ufanismo e a decorrente euforia que se refletiam no afã de consumo do mercado não tardaram a se chocar com o ambiente político de repressão, censura e perseguições. O momento era de intolerância total com a imprensa e qualquer manifestação de oposição, intolerância que se traduzia em atos violentos de repressão, operações de prisão, tortura e assassinato de ativistas de esquerda.

Em contrapartida, socialmente operavam-se mudanças, já iniciadas na década anterior e consolidadas na luta contra

	Presidentes eleitos no período	
1972/1974	Teodomiro Firmo da Silva Neto	Núcleo RJ
1974/1976	Julio Caetano Horta Barbosa Cardoso	Núcleo RJ
1976/1978	Jesse Antonio e Silva	Núcleo MG
1978/1980	Jesse Antonio e Silva	Núcleo MG
1980/1982	Luiz Barbosa da Fonseca Lima	Núcleo RJ

o autoritarismo, pela defesa do meio ambiente e pelos direitos sociais. Foi um período caracterizado pela luta pela liberdade de expressão em todas as suas dimensões. Luta pelo fim da censura, pela igualdade de condições e oportunidades para homens e mulheres, pela liberdade de opção sexual. O fim da década traria o início da redemocratização do Brasil. E traria também os reflexos da segunda crise do petróleo, que, desta vez, pegaria o País fragilizado, em pleno declínio do milagre brasileiro, com crescimento acelerado da inflação por conta dos seguidos aumentos dos preços dos combustíveis.

Especificamente na indústria têxtil, em 1972 criou-se um programa de investimentos no setor que tinha por objetivo incentivar a substituição de equipamentos obsoletos e a exportação. Entre 1972 e 1974 ocorreu um dos maiores ciclos de investimentos do setor, o que representou uma expressiva modernização do parque têxtil nacional. Importante destacar que, nessa época, teve início um grande processo de substituição de maquinaria têxtil importada por nacional.

Seguindo a tendência mundial, a produção de fibras sintéticas no Brasil viu-se incrementada, dentre outros motivos, por conta da redução de custo de produção que representava. A indústria têxtil investiu no desenvolvimento de tecidos sintéticos, como poliéster, veludo, náilon e lycra. Estavam na moda, de modo que a demanda cresceu para as indústrias, que tiveram que se equipar com maquinaria mais eficiente no trabalho com esses tecidos.

Paralelamente à valorização dos tecidos sintéticos, o jeans consolidava sua posição no mercado consumidor. A indústria têxtil brasileira conseguiu lançar jeans barato e de boa qualidade.

Em termos de formação de profissionais qualificados, em 1973 o SENAI/CETIQT – ETIQT, na época – abriu seu curso de Engenharia Operacional Têxtil em convênio com a UERJ – Universidade do Estado do Rio de Janeiro, pela batuta do prof. Deolindo Dominguez Vicente, do SENAI/CETIQT-ETIQT, professor de fiação e, então, diretor da entidade.

Nesse cenário, a ABTT, por fim, contava com sede própria, inaugurada em 1974. Encontrava-se já solidificada como entidade defensora dos direitos e necessidades dos técnicos têxteis no mercado de trabalho brasileiro, prosseguia intensamente atuante, sempre presente nos eventos nacionais e internacionais relacionados com o setor têxtil.

Em 1980, por ocasião do VIII Congresso da FLAQT – Federación Latinoamericana de Químicos Textiles –, em Quito, Equador, a ABTT prontamente, após congratular os responsáveis pela iniciativa, apresentou o plano-mestre de ação que se comprometia a executar no biênio seguinte. Consistia em:

- Criar a Comissão Nacional de Produtividade, a fim de estabelecer diretrizes de sistema padrão para comparações de índices de produtividade nas áreas de fiação, tecelagem, acabamento, malharia e confecções, visando o desenvolvimento técnico e tecnológico das indústris têxteis brasileiras, mantendo intercâmbio com os Centro Têxteis nacionais e internacionais mais evoluídos.

- Proporcionar maior dinamismo de funcionamento aos sete núcleos regionais em todo o Brasil, concedendo-lhes autonomia no sentido de promover a indispensável solidariedade e união entre os integrantes de cada região.
- Promover maior intercâmbio entre os núcleos regionais, divulgando suas atividades, e a estreita participação da Diretoria Executiva.
- Normalizar, sob todos os aspectos, os estatutos que regem a ABTT.
- Transmitir personalidades jurídicas aos núcleos regionais para melhor representarem a ABTT perante órgãos oficiais e entidades privadas de suas respectivas áreas.
- Promover a I FEMAT – Feira de Máquinas Têxteis – e realizá-la a cada dois anos, intercalando com as datas de realização dos Congressos Nacionais, visando ao desenvolvimento dos conhecimentos técnicos dos associados.
- Apoiar a realização do próximo Congresso Nacional de Técnicos Têxteis em conjunto com a FLAQT, propiciando abertura para a congregação com a ABQCT – Associação Brasileira de Químicos e Coloristas Têxteis – em prol do engrandecimento de todos.
- Tomar providências junto às Federações Regionais das Indústrias, no sentido de fazer que a ABTT seja representada no Conselho Técnico Administrativo ou Conselho Consultivo das Escolas Têxteis e na ABIMAQ – Associação Brasileira da

Indústria de Máquinas e Equipamentos –, com a finalidade de participar das decisões que visem a aprimorar o atual nível de ensino técnico e a qualidade das máquinas e dos equipamentos nacionais.

- Possibilitar a aproximação com as Escolas Têxteis Nacionais, visando ao intercâmbio de ideias para a solução dos problemas específicos das empresas têxteis, por meio dos associados interessados.
- Dinamizar a Carteira de Emprego e estimular os núcleos regionais a dar melhor assistência efetiva aos associados desempregados.

Enfim, a incessante atuação da ABTT, cada vez mais, colhia o reconhecimento das indústrias têxteis nacionais, expresso com emoção e gratidão por seu incansável apoio ao setor em qualquer canto do Brasil.

A ABTT, não apenas por meio de sua eventual presidência, mas de todos os seus membros, assim como de seus inúmeros associados, que se espalham por este país afora, acompanha com entusiasmo o trabalho dos irmãos nordestinos, que, com indisfarçável esforço, ideal e dedicação, soerguem com empenho a grandeza da indústria têxtil dessa maravilhosa região [Nordeste].

A MODA

Ainda hoje, considera-se a década de 1970 uma referência para os criadores de moda, visto ter sido uma época de múltiplas tendências, quando tudo parecia ser moda. O estilo *hippie* não só persistia, como se tornava chique, com suas batas de tecidos de estilo caxemira nas roupas indianas, mesclados com suas clássicas roupas artesanais, de materiais naturais, coloridos com tinturas caseiras, as bolsas tiracolo de crochê e franjas.

Jogava-se com muita experimentação de materiais, cores, formas e texturas, e com maior variedade de roupas de tecidos sintéticos. Camisas de poliéster coloridas, meias de lycra, de lurex. O *glitter* estava em alta também, aplicado em um estilo futurista, metálico e andrógino, cuja expressão máxima era o camaleônico David Bowie.

Viam-se pelas ruas as indefectíveis calças boca de sino dos anos 1960, ainda, usadas com sapatos plataforma; muita camurça com franjas, em um estilo meio apache, meio safári. E no tom desse tema, colares de contas de miçangas e bijuterias étnicas.

As saias ganharam permissão para todos os comprimentos. As míni confraternizavam com as saias-calças, de inspiração masculina, e estas com as longas, estampadas, ao estilo cigano. E o eterno jeans ganhava tachinhas, bordados e muito brilho.

As camisas cresceram e passaram a vestir a mulher em peça única, como um vestido, e as túnicas harmonizavam com as calças boca de sino ou os jeans.

ACONTECEU NA DÉCADA

V Congresso Nacional de Técnicos Têxteis
Recife, 7 a 10 de setembro de 1972

A mesa diretora do V Congresso nacional da ABTT foi composta por:

- PRESIDENTE DE HONRA: Marcelo Carneiro Leão, diretor do Cotonifício Capiberibe S.A.
- PRESIDENTE: Yugi Hatayama, Senai – Certtex.
- VICE-PRESIDENTE: João Pedrosa Castelo, Cia. de Fiação Santa Cruz.
- 1.º SECRETÁRIO: Carlos Roberto de Souza, Senai – Certtex.
- 2.º SECRETÁRIO: Luiz Barbosa da Fonseca Lima, Cia. Industrial Pernambucana.

Participantes do V CNTT em momentos distintos.

Transcrevem-se aqui excertos do discurso pronunciado pelo presidente da ABTT prof. Teodomiro Firmo Neto, na sessão solene de abertura do V CNTT, em 7 de setembro de 1972, no Recife.

Gostaríamos, a esta altura, de abordar um tema que entendemos de importância relevante para a indústria têxtil em geral e para os técnicos em particular, já que a eles caberá importante papel no desafio a ser enfrentado e na consecução de seus objetivos. Trata-se da premente necessidade de desenvolver-se a pesquisa tecnológica ou, P&D, para significar pesquisa e desenvolvimento, como vem se tornando mais conhecida. Para ilustrar sua importância, basta lembrar que em 1971 o Brasil gastou Cr$ 720 milhões na compra de tecnologia, ou seja, mais de duas vezes o total das exportações brasileiras têxteis.

Esse trabalho não visaria tanto, de início, a criação de novos produtos ou processos, como desenvolver um know-how capaz de digerir com facilidade, assimilar e adaptar o know-how dos países que já se encontram na fase industrial ou se preparam para o ingresso na fase pós-industrial, segundo a classificação do Hudson Institute.

Aliados a este estão o problema da espionagem industrial, que hoje ocupa, no mundo, um maior contingente humano que o dedicado à espionagem política, e o da transferência de tecnologia das áreas de alta densidade tecnológica para as de baixa densidade tecnológica. A esse respeito podemos adiantar que o Brasil, atualmente, se empenha na instalação de um Centro de Informática para a Indústria Têxtil, por meio do qual toda a informação disponível nos melhores centros de informação têxtil do mundo estaria à disposição da indústria têxtil brasileira, podendo ser daqui redistribuída para os demais países latino-americanos.

O intercâmbio automático de informações abrangeria o Institut Têxtil de France, o Institut of Textile Technology da Virgínia, o Textile Research Institute da Universidade de Princeton, o Instituto de Investigação Têxtil e Cooperação Industrial da Escola Superior de Engenheiros Industriais de Tarrasa, entre outros.

É uma batalha que se trava contra o relógio, na qual enfrentamos um poderoso e hábil concorrente na América do Sul, disposto a deslocar para seu território o centro que o Brasil pleiteia, por meio de organismos internacionais.

Para absorver essa informação tecnológica, precisamos de pessoal qualificado em nível de pesquisa. Neste contexto, insere-se com felicidade a iniciativa do Conselho Técnico Administrativo da Escola Técnica de Indústria Química e Têxtil de criar, em pouco tempo, o curso de engenharia têxtil, que, por certo, se constituirá em plataforma para a formação do pessoal que se necessita no nível de pesquisador.

Para essa tarefa devemos estar atentos e preparados, a fim de integrar nosso esforço setorial ao esforço geral do País, e assim, ver confirmadas as palavras do ministro João Paulo dos Reis Veloso ao abrir, há cerca de três semanas, a III Conferência Internacional de Tecnologia de Materiais, isto é: "evitar que nosso país continue condenado à pobreza ou a estruturas econômicas e sociais pouco complexas, não suscetíveis de evolução para o mundo pós-industrial já emergente.

INAUGURAÇÃO DA SEDE PRÓPRIA — 1974

Av. Presidente Vargas, 962, sala 1.012, Rio de Janeiro, na época Distrito Federal. Por fim realizava-se um grande sonho: a inauguração da sede própria da ABTT, após doze anos de esforço e empenho.

A sala, no edifício comercial situado à Av. Presidente Vargas, foi comprada em construção, o que não teria acontecido se alguns diretores e suas respectivas esposas não empenhassem seu próprio nome para viabilizar o negócio. Os construtores não tinham interesse em financiar a sala para uma associação sem comprovante oficial da origem de recursos, de modo que pessoas físicas tiveram de assinar um pacto moral, e posteriormente jurídico, para comprá-la.

Waumy Corrêa da Silva, Teodomiro Firmo da Silva Neto, Julio Caetano Horta Barbosa e outros na inauguração da sede da ABTT.

Waumy Corrêa da Silva, Teodomiro Firmo da Silva Neto, Luis Pereira Neto, Julio Caetano Horta Barbosa Cardoso, entre outros, na inauguração da sede.

Waumy Corrêa da Silva e D. Zinete; Teodomiro Firmo da Silva Neto de Castro e D. Hildete; Luis Pereira Neto e D. Lélia; Julio Caetano Horta Barbosa Cardoso e D. Leda; José Lopes Siqueira e esposa; e Gianfranco Colnaghi compraram a sala em seu nome e se responsabilizaram pelo pagamento das prestações. Com muito sacrifício e dedicação, tudo foi pago com recursos da ABTT, e após a quitação da última parcela, os diretores passaram a escritura definitiva para o nome da Associação Brasileira de Técnicos Têxteis.

Para mobiliar a sede, alguns dedicados associados fizeram doações, e como, na época, conseguir um telefone não era fácil – até pouco tempo antes, uma linha telefônica fazia parte da declaração de bens do brasileiro, por conta de seu alto valor –, a primeira linha e o aparelho telefônico foram doados pelo colega Ingo Joachim Schymura.

VI Congresso Nacional de Técnicos Têxteis
Rio de Janeiro, 31 de outubro a 3 de novembro de 1974

... e, que maravilha! Desta vez será na Guanabara.

Sim, porque a Guanabara, além de trabalho e organização, é também (ou, antes de tudo?!) diversão proporcionada por céu azul e praias acolhedoras; noites coloridas e musicadas; gente amiga e generosa.

Estar na Guanabara é, acima de tudo, uma sorte.

É aqui que o homem trabalha seis dias, tendo a certeza de que o sétimo será um lindo dia de sol.

É aqui que, bem lá no alto, o Cristo Redentor nos abençoa durante todos os minutos do dia a dia, tornando-nos mais alegres para os seguintes... e Ele nos permite chegar aos seus pés e olhar com Ele para o quadro mais belo do mundo... A Cidade Maravilhosa.

Olhe e veja Copacabana... e não resista. Adormeça umas horas naquele sol gostoso e mude de cor. Perca esse pálido das terras escuras para um tom amorenado, condizente com o nosso Rio.

Deite olhando o céu e veja, brincando no vento, os papagaios empinados pelas nossas crianças. Escute seus gritos e ria de seus folguedos... e se canse de ver. Aproveite bem a "desculpa" do Congresso para dar a você e sua família um período, mesmo que breve, de descanso inesquecível. Venha trabalhar conosco. A Comissão Organizadora lhe dá, desde já, as boas-vindas.

E quem, em sã consciência, poderia recusar este charmoso e sedutor convite feito pelo Núcleo Guanabara para o VI Congresso Nacional de Técnicos Têxteis? Além de toda a beleza natural da cidade, a Associação se esmerou na organização do evento, que ofereceu passeios turísticos para os acompanhantes dos congressistas, coquetéis, feijoada, jantar, programas noturnos, desfiles de moda e *shows* de samba, além dos trabalhos técnicos e conferências de alto gabarito voltados para toda a indústria têxtil nacional. Na ocasião, foi sorteada uma viagem com acompanhante para os Estados Unidos, e o associado Malguven Medeiros foi o vencedor. Sem dúvida, um evento marcante.

A mesa diretora do VI Congresso nacional da ABTT contou com Nilton Guimarães de Barros, do Rio de Janeiro, como presidente.

VII Congresso Nacional de Técnicos Têxteis Poços de Caldas, 4 a 7 de setembro de 1976

Não que fosse uma novidade, mas o programa técnico do VII Congresso Nacional de Técnicos Têxteis cobriu todos os assuntos relativos à indústria têxtil brasileira. Sua preocupação primeira foi montar uma programação técnica com os mais atuais temas e de interesse permanente, permitindo uma visão global do que ia acontecendo no setor, e garantindo o aprimoramento profissional dos que participassem do encontro de Poços de Caldas. Apenas para citar alguns, faziam parte do programa temas como aspectos sobre a produção têxtil europeia em comparação com a produção têxtil nordestina; inspeção de tecidos para importação; treinamento face aos novos incentivos governamentais; incremento da produção de algodão e melhoria da qualidade; acabamento da terceira geração; estamparia por transferência; e muitos outros temas de importância crucial no avanço tecnológico da indústria têxtil nacional.

Carlos Pinheiro, Estevão Mascarenhas, entre outros, no VII CNTT

O VII Congresso contou, também, com a presença de dois dos maiores cientistas têxteis do mundo à época, dr. Cegarra e dr. Barella, europeus presentes ao Congresso a convite e auspícios da ETIQT e da ABTT, que patrocinaram sua vinda. Os cientistas pronunciaram conferências durante o Congresso e cumpriram um extenso programa na ETIQT.

Foi lançado também no VII Congresso Nacional de Técnicos Têxteis o Concurso Bernardo Mascarenhas, cujo objetivo foi premiar os melhores trabalhos técnicos originais versando sobre a indústria têxtil. Os ganhadores receberam CR$ 33 mil em prêmios, além de diplomas.

A mesa diretora do VII Congresso nacional da ABTT contou com Jessé Antonio e Silva, de Minas Gerais, como presidente.

VII CONGRESSO NACIONAL DE TÉCNICOS TÊXTEIS

CONCURSO BERNARDO MASCARENHAS

REGULAMENTO

01 — Sob o patrocínio da Associação Brasileira de Técnicos Têxteis-Núcleo de Minas Gerais, fica instituído o "Concurso Bernardo Mascarenhas", que se destina a premiar qualquer trabalho técnico original específico à indústria têxtil, no âmbito de realização do VII Congresso Nacional de Técnicos Têxteis.

02 — Poderá concorrer qualquer associado à Associação Brasileira de Técnicos Têxteis.

03 — Serão concedidos quatro prêmios, no total de Cr$ 33.000,00, assim distribuídos:

Prêmio Bernardo Mascarenhas: Cr$ 12.000,00;

1.º colocado (Fiação e Controle de Qualidade): Cr$ 7.000,00;
1.º colocado (Tecelagem, Preparação e Malharia): Cr$ 7.000,00;
1.º colocado (Acabamento): Cr$ . . 7.000,00.

Além dos prêmios, serão conferidos diplomas aos vencedores.

04 — Os autores conservarão o direito de negociar a publicação de seus trabalhos, ficando autorizada a publicação, pela ABTT, de qualquer trabalho que julgar de interesse geral.

05 — Os originais devem ser datilografados em papel formato ofício, com espaço dois e em cinco vias. Serão aceitas, também, cópias xerográficas.

06 — Cada original, para fins de identificação, deverá conter nome completo do autor, núcleo a que pertence, endereço pessoal, firma onde trabalha e escola onde se formou, se houver.

07 — O recebimento dos trabalhos se fará no período de 1.º de maio a 31 de julho de 1976, pessoalmente à rua Rio de Janeiro, 441, sala 907. Para remessa pelo Correio, esta deverá ser feita sob registro, declarando-se na sobrecarta: VII Congresso Nacional de Técnicos Têxteis — Concurso Bernardo Mascarenhas — Rua Rio de Janeiro, 441 — Sala 907 — 30.000 — Belo Horizonte.

08 — É permitido ao associado concorrer com mais de um trabalho, ficando a critério da Comissão Julgadora a pré-qualificação necessária para sua inclusão no concurso.

09 — A Comissão Julgadora será composta pelo presidente da ABTT ou membro por ele indicado, um membro indicado pela Escola Técnica de Indústrias Químicas e Têxteis, dois membros indicados pela ABTT — Núcleo Regional de Minas Gerais, dois membros indicados pela Comissão Organizadora e um membro indicado pelo Sindicato das Indústrias de Fiação e Tecelagem no Estado de Minas Gerais.

10 — O resultado do concurso será divulgado durante a realização do VII Congresso Nacional de Técnicos Têxteis e a entrega dos prêmios se dará na sessão de encerramento no dia 7 de setembro.

11 — Sobre a outorga dos prêmios não caberá recurso contra a decisão da Comissão Julgadora.

12 — O não cumprimento de qualquer item do presente Regulamento implicará em desclassificação, mesmo depois de inscrito ou classificado o trabalho.

13 — A ABTT-Núcleo Regional de Minas Gerais não devolverá originais pelo Correio. Os não retirados até o dia 30 de setembro de 1976 serão arquivados, passando ao acervo da ABTT-MG.

14 — Os casos omissos serão resolvidos pela Comissão Organizadora.

15 — A inscrição ao concurso significará a aceitação, por parte do concorrente, do presente Regulamento.

COMISSÃO ORGANIZADORA

Concurso Bernardo Mascarenhas

1977

Formatura da primeira turma de engenheiros têxteis da UERJ/CETIQT

Transcrevem-se aqui excertos do discurso de Luigi Spreafico para a Solenidade de Formatura em 27 de Julho de 1977.

Encontramo-nos agora diante de um quadro extremamente animador. O processo irreversível de ampliação do mercado externo – a imposição de controles de contingenciamento, ou quotas de exportação, é apenas uma evidência dessa irreversibilidade – leva-nos a meditar sobre as excelentes perspectivas que estão reservadas à indústria têxtil brasileira e, em consequência, sobre as responsabilidades e tarefas que nos estão destinadas. A procura, cada vez mais intensa, por parte de empresas têxteis estrangeiras, de oportunidades de investimento no Brasil é uma prova inequívoca das excelentes perspectivas de futuro que o País oferece ao setor.

Será preciso, portanto, implementar normas que permitam à empresa nacional competir em igualdade de condições com a empresa estrangeira, sob pena de se criar uma nova dependência externa através do controle dos mercados.

Será necessário fortalecer a empresa nacional por meio de recursos adequados à formação de capital. Será preciso criar linhas de financiamento de longo prazo, a custos compatíveis com rentabilidade do setor, para a modernização e ampliação das fábricas existentes. Será imprescindível estimular o desenvolvimento tecnológico nacional, seja através da transferência de tecnologia, seja incentivando a pesquisa local. Não faltam laboratórios e usinas piloto em todo o País – para não mencionar inúmeras fábricas – dispostos a participar de projetos de pesquisa. A decantada integração Universidade/Empresa, sobre a qual tanto se discutiu, mas tão pouco se fez até agora, encontra, na indústria têxtil, um campo fértil de atuação. Neste campo, a feliz união entre a Escola Técnica de Indústria Química e Têxtil com a Universidade do Estado do Rio de Janeiro reúne todas as condições para um bem-sucedido programa de integração Universidade/Empresa.

Luigi Spreafico

VIII Congresso Nacional de Técnicos Têxteis
Blumenau, 14 a 17 de setembro de 1978

A mesa diretora do VIII Congresso Nacional da ABTT contou com Edegar Michel, de Santa Catarina, como presidente, e Rubens Sombrio como vice-presidente.

Transcrevem-se aqui excertos do discurso do sr. Jessé Antônio e Silva, presidente da ABTT, na sessão solene de abertura do VIII CNTT.

Hoje mais do que nunca, o Técnico Têxtil está sentindo a importância de sua atividade, não somente quando surge como intermediador entre o capital e o trabalho, harmonizando os interesses do empresário na busca de seus objetivos empresariais com a força intelectual e física das sessões em que viu ou serviu, mas, principalmente quando assume, com méritos, os postos para os quais foi empregado.

Mesa diretora e participantes do VIII CNTT

Neste cotejo, cabe ressaltar a importância das escolas técnicas, entre as quais a Escola Técnica de Indústria Química e Têxtil do Rio de Janeiro, berço de nossa Associação, hoje dirigida também por um ex-aluno, o professor Luiz Gonzaga Lopes, é ali, nos bancos escolares, que recebemos dos mestres orientação teórica e sentimos o chamamento à vocação que ao Técnico Têxtil empolga e ele aprende que a técnica se funde com a dedicação e o trabalho terá como função novas riquezas. Talvez seja porque a história explique que a revolução industrial surgiu exatamente da indústria têxtil. Mas, preferimos lembrar que no nosso país a indústria têxtil foi obra dos pioneiros Mascarenhas, que levaram para as Minas Gerais, nos carretões puxados a bois, os primeiros teares usados. Talvez nós tenhamos, numa simbiose moderna, o mesmo espírito indomável que não foge à luta, enfrenta a desvantagem e constrói o progresso.

E o que é que fazem os Técnicos Têxteis? Eles compõem, à luz do sol ou pelas madrugadas, o ritmo do desenvolvimento nacional, ouvindo o bater cadenciado dos teares, sentindo os roncos dos batedores, escutando o sibilar dos fusos. Por isto, eles formam a base perfeita em que se apoia o capital, transformando o setor no segundo mais importante da economia nacional.

IX Congresso Nacional de Técnicos Têxteis
Fortaleza, 11 a 13 de setembro de 1980

O IX Congresso Nacional de Técnicos Têxteis, contou com a presença de autoridades, como o governador do Ceará – estado anfitrião do evento – Coronel Virgilio Távora; Getúlio Lamartine, representante do Ministério da Indústria e Comércio; o superintendente da SUDENE, sr. Valfrido Salmito; Firmo de

Participantes do IX CNTT

Castro, secretário da Indústria e Comércio do Ceará; Benedito Moreira, diretor da CACEX – Carteira de Comércio Exterior –; Lúcio Alcântara, prefeito de Fortaleza; Sílvio Orsini, presidente da ABIMAQ; e Jacques Rabinovich, presidente do Grupo Vicunha.

João Pedrosa Castelo falou sobre Planejamento Estratégico, e Luiz Barbosa, ao lado de Tibério Sá Maia, sobre Aspectos da Produtividade das Tecelagens Brasileiras, ambos temas relevantes para o setor. Tanto quanto os demais temas abordados em palestras (mais de 40!) sobre fiação, tecelagem, acabamento, controle de qualidade e administração geral.

O IX Congresso trouxe uma inovação, amplamente aplaudida: a Exposição de Máquinas e Equipamentos Têxteis. Foram 43 expositores, dentre eles, Brambilla, Textor, Barmag, Brother Interamericana, Linhas Corrente, Pfaff, Sulzer etc., apresentando filatórios, retorcedeiras, espuladeiras, conicaleiras, enroladores, teares, caldeiras, máquinas de costura, aparelhos e laboratórios.

Na oportunidade, os técnicos têxteis prestaram homenagem ao colega Jessé Antonio e Silva por sua dedicação, em dois mandatos consecutivos, à presidência da ABTT. Entregaram-lhe, com afeto, uma placa de prata.

Na A.G.O. deste IX CNTT, realizada no dia 12 de setembro de 1980, o colega Roberto Armando Grossi propôs e foi aprovada por unanimidade a criação do Dia do Técnico Têxtil, que mais tarde passou a ser denominado Dia do Profissional Têxtil, homenageando a todos que fazem parte da cadeia têxtil e de confecção.

A mesa diretora do IX Congresso Nacional da ABTT contou com:

- PRESIDENTE: Carlos Leite Barbosa Pinheiro, Ceará.
- PRESIDENTE DE HONRA: Aristides Mario Rache Ferreira.
- VICE-PRESIDENTE: Florentino Roussenq.
- PRESIDENTE DA CONFERÊNCIA: João Pedrosa Castelo.
- SECRETÁRIO GERAL: Paulo Roberto Nunes.

O CENÁRIO

A economia brasileira viveu uma das mais graves crises de sua história na década de 1980. Sofreu forte contração, e o resultado foram a estagnação do PIB e taxas de inflação assombrosas. Entre 1980 e 1983 o PIB sofreu queda de 13%, quadro bem diferente do que se vinha apresentando na década anterior, quando o índice vinha se expandindo a uma taxa média de 6% ao ano.

O momento de contração – de recessão, até – se deu em decorrência das políticas econômicas adotadas na década anterior, que, na tentativa de manter o crescimento econômico após a primeira crise do petróleo, levaram o Brasil a assumir um padrão de financiamento baseado no crescente endividamento externo. A consequência: desajuste interno da economia.

Só a partir de 1984 o Brasil experimentou uma tímida recuperação, com a abertura econômica ocorrida a partir da segunda metade da década.

A sociedade brasileira da década de 1980 viveu fatos marcantes e decisivos, que possibilitaram mudanças radicais nos rumos políticos do País, como o atentado do Riocentro (1981), o movimento Diretas Já (1984), a eleição e morte de Tancredo Neves (1985), marcando o fim da Ditadura Militar e a promulgação da nova Constituição Brasileira (1988). Além disso, houve a mudança de *status* de Rondônia (1981), Amapá e Roraima (1988), que passaram a ser estados da Federação. Também foi criado o estado de Tocantins em 1988.

Presidentes eleitos no período		
1982/1984	Ricardo da Silva Haydu	Núcleo SP
1984/1986	Jesse Antonio e Silva	Núcleo MG
1986/1988	Jesse Antonio e Silva	Núcleo MG
1988/1900	Jesse Antonio e Silva	Núcleo MG
1990/1992	Hélio da Conceição Camilo	Núcleo SUL

Na indústria têxtil, vivia-se uma baixa na produção de tecidos de algodão. Inserido, naturalmente, no contexto político-econômico nacional, também somente a partir de 1984 é que o setor têxtil começou a sair da fase de recessão e a apresentar sinais de recuperação. E nos anos posteriores, já passou a viver um crescimento mais acelerado.

Em 1986, o setor estava interessado em um apoio maior do Governo, e o CNIT – Conselho Nacional da Indústria Têxtil – publicou os "Estudos para automação, modernização, desenvolvimento tecnológico e ampliação da indústria têxtil brasileira até o ano 2000". Dentre outros itens, o plano de ação previa:

- Apoio do governo para financiar novos investimentos.
- Isenção de tributos para importar maquinaria.
- Plano de importação emergencial.

O estudo oferecia sugestões com o propósito de ajudar a própria indústria em sua reengenharia e fornecer ao Governo e aos bancos de fomento um direcionamento para que se criasse uma política industrial específica para o setor têxtil. Seu conteúdo era apresentado em três blocos:

- Expansão da Indústria Têxtil até o Ano 2000.
- Diretrizes para um Programa de Atualização Tecnológica da Indústria Têxtil e de Confecção.
- Recomendações às Autoridades Brasileiras.

Infelizmente, o estudo foi subaproveitado, tanto pelo setor têxtil quanto pelo Governo.

Em maio de 1988, pelos Decretos-Leis 2.433, 2.434 e 2.435, o governo aprovou a Nova Política Industrial, que facilitava a importação de maquinaria, apoiava o investimento em pesquisa e desenvolvimento e em programas de exportação, bem como concedia incentivos fiscais à ampliação da capacidade de setores industriais.

No concernente à formação especializada na indústria têxtil, uma das mais antigas aspirações da classe – a criação de um curso pleno de Engenharia Têxtil – concretizou-se em janeiro 1987 com a assinatura de um convênio entre o SENAI, o CETIQT e a UERJ (Universidade do Rio de Janeiro). Ficou determinado que o curso teria duração de cinco anos e que as disciplinas básicas ficariam a cargo da UERJ, ao passo que o CETIQT responderia pelas matérias de cultura técnica.

A MODA

New Wave era o conceito, inspirado na onda da geração saúde e da febre da ginástica aeróbica, o culto ao corpo e à beleza. Por conta disso, as roupas de lycra, as sapatilhas, as polainas, enfim, a "roupa de ginástica", como era conhecida na época, passou a valer fora do âmbito das academias. Peças justas conviviam com as largas das décadas anteriores.

O exagero e a ostentação marcaram a época. O *glamour* e o luxo eram as imagens vendidas pela televisão, poder e consumo eram a palavra de ordem, e os *shoppings*, o novo paraíso. Ser *yuppie* era *fashion*. E os *yuppies* – jovens executivos que viviam para o trabalho e o consumo, de bolso forrado e sempre portando seus *gadgets* – valorizavam mesmo o *status* e os bens materiais. E a moda correspondia, criando um estilo que de simplório não tinha nada. Foi a época do destaque para as etiquetas das roupas de grife, sempre enormes, muito visíveis. O visual gótico também ganhou espaço nas lojas de moda.

Não que não se encontrasse o charme e a sofisticação que haviam marcado os anos 1960, mas o exagero permeava tudo. E para quem não se identificasse com o tom futurista dado pelo *strech*, restava o clássico, sóbrio e elegante, como Giorgio Armani.

Ao contrário da constrição que marcava a economia, as roupas eram alegres, esportivas, versáteis e, ao mesmo, tempo sofisticadas, sensuais, ousadas. Moda ambígua. O forte eram tecidos nobres, como cetim, seda, organza, tafetá, crepe georgette, rendas, adamascados. E estampas de oncinha, as cores cítricas e ombros largos à base de ombreiras – incorporadas inclusive aos sutiãs. O jeans não podia faltar, claro, e ganhava *strech*, cós alto e *status*.

Para os cabelos, as tendências eram corte tipo cogumelo, permanentes fartas, topetes de alturas vertiginosas e tinturas de cores exóticas e marcantes para os jovens. E o *look* molhado, claro, à base de gel e *mousses*.

Usou-se muito preto, grandes babados, gola alta, brilhos e transparências; calças *bag* e semi-*bag*, saias compridas com *blazer*, *scarpins*, sandálias de plástico, como as melissinhas; calças *fuseau*, mangas morcego e saias balonê.

ACONTECEU NA DÉCADA

X Congresso Nacional de Técnicos Têxteis
Rio de Janeiro, 3 a 7 de setembro de 1982

A mesa diretora do X Congresso nacional da ABTT foi composta por:

- PRESIDENTE: Bruno Cezar Almada Modesto Lima.
- VICE-PRESIDENTE: Waumi Corrêa Silva.
- SECRETÁRIO GERAL: Luiz Alberto Rodrigues.
- 1.º SECRETÁRIO: Sergio Rubens Chrissanto Lamha.

Bruno Cezar Almada Modesto Lima, Luiz Gonzaga Lopes e outros.

XI Congresso Nacional de Técnicos Têxteis
São Paulo, 6 a 9 de setembro de 1984

XI CONGRESSO NACIONAL DE TÉCNICOS TÊXTEIS

DATA : 06 A 09 DE SETEMBRO DE 1984
LOCAL : CENTRO DE CONVENÇÕES DE SÃO PAULO
CENTRO EMPRESARIAL

PROGRAMA

XI Congresso Nacional de Técnicos Têxteis

XI EXPOTT - Exposição de Tecnologia Têxtil

06 a 09 de Setembro de 1984
Centro de Convenções de S. Paulo

São Paulo - Brasil

Mais uma vez promovido pela ABTT, celebrou-se em setembro de 1984 o XI Congresso Nacional de Técnicos Têxteis, que reuniu profissionais da área de todo o País e teve como patrono o sr. Armando Luiz Viviani. Dessa vez, ocorreu paralelamente à XI EXPOTT – Exposição de Tecnologia Têxtil.

A solenidade de abertura se deu às 19h30 no Auditório Nobre do Centro de Convenções de São Paulo, seguida pelo coquetel de inauguração da XI EXPOTT. Em todos os pronunciamentos da sessão solene, foi realçado o papel fundamental exercido pelo técnico têxtil. O sr. Viviani defendeu a necessidade de a indústria têxtil investir no mercado, equiparar-se para a era da informática e conseguir um corpo técnico atualizado, visto que,

Carlos Pinheiro, Armando Luis Vivani (então presidente da Santista) e Ricardo da Silva Haydú, na época presidente da ABTT Nacional e do XI CNTT.

segundo suas palavras, "o técnico têxtil está fazendo milagres ao contribuir decisivamente para as exportações brasileiras, trabalhando com máquinas praticamente obsoletas".

O programa contou com homenagens a vários industriais, dentre eles o dr. Clóvis Gonçalves de Souza, presidente do Sindicato das Indústrias de Fiação e Tecelagem dos Estado de Minas Gerais e diretor da Cia. de Tecidos Santanense; e José Alencar Gomes da Silva, vice-presidente do Sindicato e diretor da Coteminas. E na sessão de abertura, Jessé Antonio e Silva teve a honra de proclamar o empresário Carlos Leite Barbosa Pinheiro "Técnico Têxtil Destaque 1984".

Representando o Ministério da Indústria e Comércio, o dr. Roberto Lincoln de M. Brasil falou sobre a indústria têxtil e a conjuntura nacional; o presidente do Conselho Nacional da Indústria Têxtil, dr. Luiz Américo Medeiros, discorreu sobre a problemática do suprimento de algodão na indústria têxtil, e muitos outros convidados abordaram temas como problemas na tinturaria e acabamento causados por falta de ajustagem das máquinas de malharia, acabamentos têxteis físico-químicos e estrutura e análise de custos têxteis.

A EXPOTT contou com expositores como Kluber Lubrication, Salvador Orsini & Cia. Ltda., Guia Oficial da Moda, Sultêxtil Máquinas Têxteis Ltda., dentre muitos outros.

Após o encerramento, ocorreu a Assembleia Geral da ABTT.

A mesa diretora do XI Congresso Nacional da ABTT contou com Carlos Leite Barbosa Pinheiro, de São Paulo, como presidente.

Anúncio da 31ª Fenit publicado no Jornal Nacional da ABTT na edição de setembro/outubro de 1985. (Documento do acervo da ABTT.)

XII Congresso Nacional de Técnicos Têxteis
Caxambu, 11 a 14 de setembro de 1986

A esperança de dias melhores

Clóvis Gonçalves de Sousa

Agradeço, penhorado, essa demonstração de carinho que os técnicos têxteis tiveram indicando meu nome para patrono do Congresso que se realizará em setembro próximo, em Caxambú.

A estabilidade da economia brasileira, entre tantos aspectos positivos, inclue a real necessidade das empresas industriais se preocuparem com as novas técnicas.

A produtividade passou, a partir de 27 de fevereiro de 1986. – Data do início da revolução econômica brasileira, com a criação do cruzado. – A ter uma importância capital na avaliação do desempenho econômico e social do País.

Os preços finais, as matérias-primas e os insumos, estão congelados. As indústrias, para progredirem e darem lucros, necessitam, agora, mais do que nunca, aumentarem a produtividade técnica, econômica e financeira.

Na indústria têxtil – atividade que congrega cerca de 400 mil funcionários em todo o País, produzindo tecidos para abastecer 130 milhões de pessoas e ainda colaborar com a balança comercial brasileira, exportando aproximadamente 1 bilhão de dólares. – Os técnicos têxteis têm um grande papel a desempenhar, procurando, com seu trabalho e sua inteligência, melhorar o desempenho de nossa produção, introduzindo novos processos industriais a fim de que possamos competir em igualdade de condições nos mercados mundiais.

O mutirão nacional contra a inflação, o mal do Século XX, está formado em todo o País e todos nós a ele devemos nos unir.

A paz social resultará num incremento da produtividade, alimento da esperança de dias melhores.

Essa homenagem é por demais valiosa para mim.

Vivi sempre para a indústria têxtil, quer como diretor de empresa ou dirigente sindical.

Conheci suas crises e suas épocas áureas. São 40 anos de uma luta constante, mas que tem me dado suas compensações com o trabalho sério e honesto, que é o que temos de mais sagrado na vida.

A ABTT, sob a presidência dinâmica e inteligente de Jessé Antônio e Silva, está desempenhando o seu papel no cenário nacional, promovendo encontros, palestras, reuniões e congressos onde seus filiados trocam idéias e aprimoram seus conhecimentos com reais vantagens para as indústrias em que trabalham.

A todos, os meus agradecimentos pela honra que me distinguiram, com votos que formulo para a grandeza desta associação.

(Discurso de agradecimento ao receber o convite para patrono do XII Congresso).

Discurso "A esperança de dias melhores", de Clóvis Gonçalves de Sousa.

Nas palavras da ABTT, expressas em seu meio de divulgação oficial, *Jornal Nacional da ABTT*, "O XII Congresso Nacional de Técnicos Têxteis (...) é uma promoção que visa proporcionar à classe dos técnicos têxteis, aos empresários e aos profissionais ligados ao setor, uma abordagem atual, ampla e profunda da situação em que se encontra a indústria têxtil nacional. Objetiva, ainda, oferecer a oportunidade para o contato com as mais avançadas tecnologias colocadas a serviço da indústria têxtil, bem como desenvolver um temário voltado para os aspectos da qualidade, da produtividade e do mercado. O XII CNTT pretende, ainda, transformar-se em um fórum de debates sobre a indústria têxtil e seus reflexos na própria vida nacional, envolvendo nessa abordagem empresários, técnicos, pesquisadores e autoridades governamentais".

Como claramente se pode ver ao acompanhar a trajetória da ABTT desde sua fundação, em 1962, os objetivos desse último Congresso sempre foram também os da Associação, incansável na tarefa de contribuir para o crescimento da indústria têxtil e de seus técnicos juntos, de mãos dadas, nunca um sem o outro. De outra forma, seria, com toda a certeza, impossível. E no balanço de cada ano, a ABTT pode se regozijar no orgulho do dever cumprido.

O XII CNTT foi o maior encontro da indústria têxtil nacional em 1986: 2 mil congressistas, entre técnicos têxteis, pesquisadores, industriais, autoridades e convidados. Na programação técnica, cuja elaboração contou com a colaboração do CETIQT, foram quatro sessões plenárias, um painel e 43 conferências, que trataram de assuntos prementes para o setor, como o grau de desenvolvimento tecnológico da indústria têxtil nacional, os reflexos do Plano Cruzado sobre o setor têxtil e as perspectivas de desenvolvimento até a virada do século.

Na exposição técnica, 31 expositores apresentaram os mais avançados equipamentos, máquinas e métodos colocados à disposição da indústria têxtil em todo o mundo.

E a programação social permitiu aos congressistas participar ativamente dos trabalhos técnicos e usufruir de deliciosos jantares e coquetéis, além de realizar um roteiro turístico com a família. Houve o coquetel de abertura, *show* e seresta em comemoração ao dia do técnico têxtil – 12 de setembro –, noite de queijos e vinhos, campeonatos esportivos para as esposas e filhos dos participantes além de *city tours*.

A mesa diretora do XII Congresso nacional da ABTT contou com Jessé Antonio e Silva, de Minas Gerais, como presidente.

Professor Waumy Corrêa da Silva e família, Carlos Roberto Feliciano.

Jubileu de Prata ABTT
Salvador, 27 a 29 de novembro de 1987

O Encontro de Salvador terá todos os componentes para uma reafirmação de princípios e de compromissos da entidade com o futuro. Se a história de lutas, de sacrifícios, abnegação e altruísmo será lembrada, decerto as obrigações da ABTT para com a classe serão robustecidas com o mesmo ideal (...). Nossa história não será o passado, mas sim, o cabedal de experiências; nosso futuro não será o objetivo longínquo, mas, efetivamente, a meta a ser atingida.

Palavras de Jessé Antonio e Silva.

A Sessão Solene do Encontro Nacional comemorativo do Jubileu de Prata da ABTT que aconteceu em 27 de novembro, no Salão Nobre do Hotel 4 Rodas, em Salvador, foi presidida pelo governador da Bahia, Waldir Pires. O senador Albano Franco, presidente da Confederação Nacional da Indústria, secretários de Estado da Fazenda e da Indústria e Comércio da Bahia e o secretário de Estado da Indústria e Comércio de Sergipe também estiveram presentes, além de outras autoridades governamentais, líderes empresariais e industriais do setor, para prestigiar a ABTT.

Aproveitou-se o ensejo para homenagear mais de uma dezena de personalidades de destaque no setor têxtil nacional, dentre eles, dois empresários: Eduardo Catharino Gordilho, diretor da Fagip e patrono do Jubileu, e Sílvio Diniz Ferreira, presidente da Cedro e Cachoeira e presidente de honra do Jubileu. E sendo a ABTT sempre focada no avanço e aprimoramento tecnológico do setor, o evento contou com uma extensa e rica programação técnica.

Neste momento histórico da ABTT e no limiar de uma nova era, congratulo-me com o nosso abnegado e incansável presidente, Jessé Antonio e Silva, pelo exaustivo e excelente trabalho que vem realizando à frente da nossa ABTT, nestes últimos anos, não medindo esforços nem sacrifícios para elevar, de forma altruísta, o nome e a posição do técnico têxtil no contexto nacional e internacional.
"Vinte e cinco anos" de profícua caminhada para a identificação, união e projeção de uma classe profissional e da Instituição que a

formou. Dos primeiros sonhos e dos bancos escolares à realidade de hoje, muito se fez para atingir o marco exponencial da nossa coesa e respeitável ABTT.

Como todo início, tudo foi muito difícil. Não fora o desprendimento, a visão de futuro e a tenacidade ideológica de alguns, o sonho teria se desvanecido e sucumbido às margens do descaso e insensibilidade de outros.

Contudo, o ideal era mais forte. E mesmo em águas escuras e turbulentas, sempre houve aqueles para, com firmeza de caráter e determinação, segurar o timão e levar o barco a singrar em águas claras e tranquilas, ou razoavelmente tranquilas. O que, efetivamente, fez que a ABTT sobrevivesse e atingisse o destaque nacional e internacional nos mais diversos segmentos do setor têxtil.

A escolha de Sílvio Diniz Ferreira como presidente de honra do Encontro do Jubileu de Prata da ABTT, além da justa homenagem prestada ao ilustre colega, é a confirmação do sucesso profissional alcançado pelo técnico têxtil.

Ao técnico têxtil, célula-mãe da ABTT, profissional que, hoje, ocupa os espaços mais variados dentro da economia; desde os recém-formados em período de estágio até os mais elevados cargos de dirigentes de empresas, passando por químicos, fiandeiros, tecelões, administradores, economistas, educadores, representantes técnicos e comerciais e mesmo empresários – meus parabéns por tudo que fizeram pelo engrandecimento da nossa classe.

José Roberto, proprietário da JRCR.

Rio de Janeiro-1962/Salvador-1987

ABTT, ANO 25

Governador Waldir Pires presidirá a sessão solene de instalação do Encontro Nacional

O governador da Bahia, Waldir Pires, vai presidir a sessão solene de instalação do Encontro Nacional comemorativo ao Jubileu de Prata da ABTT, dia 27 de novembro no salão nobre do Hotel 4 Rodas, em Salvador. O presidente da Confederação Nacional da Indústria, senador Albano Franco, os secretários de Estado da Fazenda e de Indústria e Comércio da Bahia e o secretário de Estado da Indústria e Comércio de Sergipe, além de outras autoridades governamentais, também estarão presentes, juntamente com líderes empresariais, industriais e convidados.

Durante a sessão de instalação, serão homenageados os empresários Eduardo Catharino Gordilho, patrono do Encontro e Sílvio Diniz Ferreira, presidente de honra. Eles vão receber uma placa especial em reconhecimento aos relevantes serviços prestados à classe dos técnicos têxteis e à indústria têxtil nacional. Serão também homenageados os ex-presidentes da ABTT, os presidentes de congressos nacionais realizados pela entidade e os sócios beneméritos da Associação. Outras personalidades ligadas à atividade têxtil e ao ensino vão receber diploma de mérito.

Logotipo oficial do Jubileu de Prata da ABTT.

A Associação Brasileira de Técnicos Têxteis, que comemora agora seu Jubileu de Prata, foi fundada no dia 2 de novembro de 1962 por técnicos têxteis reunidos em assembléia na antiga Escola Técnica de Indústrias Químicas e Têxteis (hoje CETIQT), no Rio de Janeiro. O primeiro presidente da entidade foi o prof. Geraldo Xavier de Andrade. O atual presidente, Jessé Antônio e Silva (ele preside a entidade pela quarta vez) diz que "o Encontro de Salvador terá todos os componentes para uma reafirmação de princípios e de compromissos da entidade com o futuro. Se a história de lutas, sacrifícios, abnegação e altruísmo será lembrada, decerto as obrigações da ABTT para com a classe serão robustecidas com o mesmo ideal". O presidente afirma, na mensagem que dirigiu aos associados da ABTT, que "Nossa história não será o passado, mas, sim, o cabedal de experiências; nosso futuro não será o objetivo longínquo mas, efetivamente, a meta a ser atingida".

Programa Técnico

O estágio atual e as perspectivas da indústria têxtil nordestina, inclusive a participação governamental para implementação de programas de modernização e concessão de incentivos para implantação de novas unidades fabris, serão debatidos no painel "Indústria têxtil nordestina. Atualidade e perspectivas", a ser moderado pelo presidente da Confederação Nacional da Indústria, senador Albano Franco, durante o Encontro Nacional da ABTT em Salvador. O segundo painel, "Fibras sintéticas, Presente e Futuro", a ser moderado pelo presidente da Associação Brasileira de Produtores de Fibras Artificiais e Sintéticas, Luiz Albuquerque Araújo.

PROGRAMA

"Produção e qualidade do algodão brasileiro no programa de expansão da indústria têxtil" serão tema de uma exposição dos profs. Alexandre Figueira Rodrigues e Lúcio Taboada Tenan, do CETIQT. Fazem parte do programa, ainda, as seguintes palestras técnicas:

- *"Fibras sintéticas. Processos e aplicações", a ser proferida pelo engº. Adauto Pereira, da COBAFI, em colaboração com os engenheiros Moacir Mainart e Édson Sales.*
- *"Aspectos físico-químicos na limpeza de substrato têxtil", a cargo da engenheira Lúcia Amaral, da HENKEL.*
- *"Lubrificação dos fios após a secagem na engomadeira", que será apresentada pelo prof. Dantro Rangel Pessanha, da INPAL.*
- *"Colorimetria e a consistência da matéria-prima", a cargo do químico Carlos Celso Russo, da COMEXIM.*
- *"Programador eletrônico para sistema de limpeza de cardas", a cargo dos pesquisadores Lindolfo Krueger e Edno Mariano Lopes Fernandes, do CFP de Blumenau (SC).*
- *"Amaciatex-Ensaios físicos em tecidos tratados com amaciantes", a ser apresentada pelos pesquisadores Marcelo Varculi, Ivan Araújo Montelo, Marcos Alexandre Timóteo e Pedro de Ruge Minamidani, da Escola Senai Francisco Matarazzo..*

Dois empresários do setor têxtil serão homenageados pelo Encontro do Jubileu; Eduardo Catharino Gordilho, diretor da FAGIP, foi indicado patrono e Sílvio Diniz Ferreira, presidente da Cedro e Cachoeira, presidente de honra. Eles podem ser apontados como homens que têm influência decisiva no desenvolvimento da indústria têxtil em seus Estados. Eduardo, que já pertenceu por duas vezes à diretoria nacional da ABTT, preside hoje o Sindicato da Indústria de Fiação e Tecelagem da Bahia e responde, entre outros cargos em diversas empresas bahianas, pela Diretoria Financeira da FAGIP. Sílvio tem-se dedicado integralmente à Cedro Cachoeira, a primeira sociedade anônima a se instalar no Brasil e apontada hoje como uma das maiores e tecnologicamente têxteis do país, com seis unidades fabrís operando em Minas.

Sílvio Diniz Ferreira, presidente de honra

Eduardo Catharino Gordilho, patrono do Encontro

A Sílvio e Eduardo, um grande abraço da ITELPA

Congratulações variadas pelo Jubileu de Prata (Boletim da ABTT).

XIII Congresso Nacional de Técnicos Têxteis
Recife, 7 a 11 de setembro de 1988

Com três painéis e 42 palestras e uma abrangência de temas variados como Tendências modernas à engenharia de ar; Propriedades de linhas; A produtividade na indústria de confecção; Clima organizacional e produtividade; Acrilatos na estamparia; Fórum sobre fibras químicas e suas mesclas técnicas, aplicações e tendências, mais uma vez a ABTT ofereceu ao setor têxtil a oportunidade de reciclagem de conhecimentos, de troca de ideias e experiências, de melhora na profissão de técnico têxtil.

E, em clima de reciclagem e melhora e da nova Carta Magna do País, a ABTT, mais uma vez, revisou e atualizou seus estatutos.

A mesa diretora do XIII Congresso Nacional da ABTT contou com Luiz Barbosa da Fonseca Lima, de Pernambuco, como presidente.

Esquerda para direita: Luis Sá (Malharia Diana), Canísio Dewes da Trützschler, Kurt Hedler e Hélio Camilo

XIV Congresso Nacional de Técnicos Têxteis
Blumenau, 5 a 8 de setembro de 1990

Pela segunda vez, Blumenau foi sede de um Congresso Nacional de Técnicos Têxteis. Como em edições anteriores, o Congresso reuniu milhares de profissionais do setor, empresários e representantes do Governo, para a discussão dos problemas políticos, econômicos e financeiros que envolvem esse importante segmento. E seguindo a tradição, a exposição apresentou tudo de mais moderno no mundo em termos de tecnologia têxtil. Nessa oportunidade, mais de 80 empresas nacionais e multinacionais montaram seus estandes e ofereceram as últimas novidades em equipamentos, produtos e serviços para o setor têxtil.

Seção Solene de Abertura, na mesa Dr. Luiz Américo Medeiros, Ulrich Kuhn, Wander Weege, Hélio Camilo

O tema – de fundamental importância – "Política industrial e a economia brasileira" foi apresentado por Luiz Velloso Lucas, diretor do Departamento da Indústria e Comércio da Secretaria Nacional de Economia, que representou o então presidente da República, Fernando Collor de Melo.

A mesa diretora do XIV Congresso nacional da ABTT contou com Helio da Conceição Camillo, de Santa Catarina, como presidente.

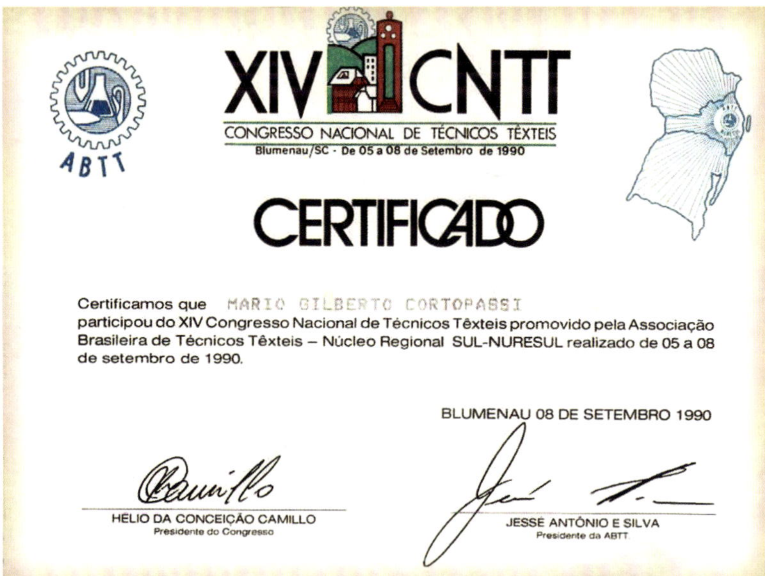

ABTT

XIV CNTT

CONGRESSO NACIONAL DE TÉCNICOS TÊXTEIS

Blumenau/SC - De 05 a 08 de Setembro de 1990

CERTIFICADO

Certificamos que MARIO GILBERTO CORTOPASSI participou do XIV Congresso Nacional de Técnicos Têxteis promovido pela Associação Brasileira de Técnicos Têxteis – Núcleo Regional SUL-NURESUL realizado de 05 a 08 de setembro de 1990.

BLUMENAU 08 DE SETEMBRO 1990

HELIO DA CONCEIÇÃO CAMILLO
Presidente do Congresso

JESSE ANTÔNIO E SILVA
Presidente da ABTT

O CENÁRIO

A instabilidade novamente marcava os tempos de início da década de 1990. O tímido crescimento econômico de 1984 em diante foi por água abaixo com o confisco das cadernetas de poupança orquestrado pelo então presidente Fernando Collor. Após seu *impeachment*, calorosamente exigido pela população representada pelos Caras Pintadas, o Brasil foi retomando seu fôlego, vivendo certa estabilidade a partir de 1994, sob o governo de Itamar Franco e o Plano Real de Fernando Henrique Cardoso, à época ministro da Fazenda, mas futuro presidente do Brasil por dois mandatos consecutivos.

O Plano Real de estabilização econômica tinha por objetivo controlar a hiperinflação que oprimia o brasileiro, e, para tanto, lançou mão de diversos recursos, dentre eles, o controle da paridade da moeda nacional e do dólar, possibilitado pela implementação de um sistema de banda cambial. Criou-se a nova moeda brasileira, o Real, e a população viu seu poder de compra aumentado e os setores econômicos nacionais serem remodelados.

Como diz o ditado, não há bem que sempre dure, e o sistema de bandas cambiais chegou ao fim dos anos 1990 fragilizado, o que refletiu no aumento da pobreza e na flutuação do Real em 1999.

Como sobrevivia a indústria têxtil inserida nesse panorama?

Presidentes eleitos no período		
1992/1994	Rodrigo Otavio Nogueira	Núcleo MG
1994/1996	Rodrigo Otavio Nogueira	Núcleo MG
1996/1998	Jesse Antonio e Silva	Núcleo MG
2000/2001	Jesse Antonio e Silva	Núcleo MG
2001/2002	Luiz Alberto Rodrigues	Núcleo RJ

Em 1990 vivia-se um processo de abertura comercial. Nessa conjuntura, as tarifas de importação de tecidos caíram 30 pontos percentuais, de 70% para 40%, em um primeiro momento. Mais tarde chegou a 18%, em consequência do regime de desagravação tarifária.

A taxa de câmbio favorável fomentava a importação não só de algodão, mas também de tecidos de fibras artificiais e sintéticas – cujo consumo tornou a crescer, depois de queda em 1985 –, afetando diretamente tecelagens, tinturarias, estamparias e fiações. Embora permitisse também a importação de bens de capital para o reequipamento, com o incremento das confecções prontas o setor foi ainda mais duramente penalizado.

Com o aumento da demanda de tecidos sintéticos, em 1993, em caráter de *joint venture*, Rhodia e Celbrás formaram a Rhodia-Ster, já na época líder sul-americana na produção e comercialização de poliéster. Em 1994 foi a vez de a Du Pont se unir ao Grupo Vicunha na fabricação de filamento têxtil de poliamida.

O abalo provocado na indústria interna por conta do aumento das importações começou a ser controlado em 1996. Graças a medidas adotadas pelo Governo, como aumento das alíquotas de importação de 18% para novamente 70%, as importações de tecidos caíram cerca de 30% em relação ao ano anterior.

A medida durou pouco – só até 27 de abril de 1996 –, mas permitiu controlar a tendência de aumento das importações. Em substituição a essa medida, passou a vigorar a Portaria Interministerial 7, de 22/05/96, que estipulava cotas para a importação de tecidos asiáticos.

Em 1996, a Organização Mundial do Comércio anunciou previamente que, a partir de 2005, estaria extinto o Acordo Multifibras, que regulava o comércio mundial de têxteis, e que, portanto, após dez anos de pré-aviso, o mercado têxtil mundial seria completamente aberto e livre. Enquanto inúmeras empresas têxteis brasileiras iniciaram uma grande transformação por entender que seu concorrente não mais seria o vizinho, mas que estaria localizado em qualquer parte do mundo, outros, infelizmente, aguardavam a ampliação do prazo de dez anos.

Notavelmente, a cadeia têxtil nacional passou por transformações estruturais decorrentes da abertura econômica, aumento da concorrência externa e estabilização da moeda – com consequente aumento do poder de compra à parcela da população de baixa renda. Uma delas foi a queda na produção em alguns segmentos, como de tecidos planos, levando à falência de alguns produtores de tecidos artificiais e sintéticos, mais atingidos pelas importações da Ásia, e à substituição dos tecidos planos pelas malhas de algodão. Isso porque os investimentos exigidos para a produção das malhas são mais baixos, gerando um produto mais barato, portanto, mais acessível para a nova parcela de consumidores incorporada ao mercado graças ao Plano Real.

O comportamento do algodão, ainda principal matéria-prima da indústria têxtil brasileira, oscilou da queda em 1993, leve recuperação até 1995 e queda mais acentuada em 1997. Apresentou crescimento novamente a partir do ano seguinte. Em 1998, criou-se o Programa de Apoio à Comercialização do Algodão Nacional, cujo orçamento foi de R$ 400 milhões e prazo de vigência até 30/12/98.

A formação de profissionais especializados ganhou mais possibilidades em 1991, com a criação do segundo curso de Engenharia Têxtil do Brasil, na Universidade Estadual de Maringá. A primeira turma de engenheiros têxteis se formou em 1996.

E em 2001, a Universidade Federal do Rio Grande do Norte formou sua primeira turma de engenheiros têxteis.

Algo importante a citar, visto que o processo de globalização é realidade irreversível, é a relação da indústria têxtil nacional com seus vizinhos latino-americanos. Em março de 1991, Argentina, Brasil, Paraguai e Uruguai firmaram o Tratado de Assunção, fundando o Mercosul. O Tratado propiciou a descoberta do mercado dos países membros, e a indústria têxtil brasileira, mais forte e moderna dentro do novo bloco econômico, viu suas exportações crescerem nesse novo mercado sul-americano.

A MODA

A moda no Brasil respondeu à retomada do crescimento e estabilização econômica, em 1994, com megadesfiles e grandes eventos, que mobilizavam a mídia e atraíam gente famosa.

O Mercado Mundo Mix, na primeira metade dos anos 1990, foi o responsável pela identidade da moda jovem e alternativa da época.

O evento Phytoervas Fashion nasceu em 1994, criado por Paulo Borges e Cristiana Arcangeli, com o objetivo de dar visibilidade aos novos estilistas brasileiros por meio de lançamentos das coleções em imensos desfiles para um grande público. A partir de 1996 transformou-se no evento Morumbi Fashion Brasil e, hoje, São Paulo Fashion Week (SPFW), acontecimento importantíssimo inclusive no calendário internacional da moda que lança as coleções dos grandes nomes e grifes da moda brasileira.

Nessa década, com a informatização avançando a passos ligeiros, a informação ia e vinha muito rápido. O tradicional ficava apenas como ponto de referência. Há quem classifique a moda da época como um supermercado de tendências. O minimalismo imperava e as peças básicas ganhavam espaço nos guarda-roupas; formas simples, sem recortes ou aplicações – ternos de corte seco, camisas brancas, *blazers*, calças capri.

O *sportswear* ganhou as ruas, possibilitado pelos novos tecidos tecnológicos que a indústria têxtil oferecia cada vez mais; e convivia harmoniosamente com certo ar retrô, tudo com apelo sensual. As estampas de animais continuaram firmemente na moda, encontradas nas peças de vestuário e nos acessórios.

Para a noite, *glamour*. Muito volume, tecidos nobres, recortes, transparências e cores vivas.

ACONTECEU NA DÉCADA

XV Congresso Nacional de Técnicos Têxteis
Natal, 1992

A mesa diretora do XV Congresso Nacional da ABTT contou com Luiz Barbosa da Fonseca Lima, como presidente, neste ano que a ABTT comemorou 30 anos de atuação.

Técnico Têxtil dirige o SENAI

O Professor Alexandre Figueira Rodrigues, técnico têxtil formado pelo CETIQT e sócio da ABTT, foi indicado pelo Senador Albano Franco, presidente da Confederação Nacional da Indústria, para presidir o Departamento Nacional do SENAI.

A Diretoria da ABTT leva os votos de sucesso e de muitas realizações ao colega Alexandre Figueira Rodrigues, confiante que ele olhará de forma especial para os companheiros técnicos têxteis. A ABTT se orgulha de ter pela primeira vez um técnico têxtil em função de tamanho destaque.

Presidente do XV CNTT, Luís Barbosa Fonseca Lima, com professor Alexandre Figueira Rodrigues, novo Diretor Nacional do SENAI.

JORNAL NACIONAL DA ABTT — PÁGINA 20

As decisões da Assembléia no 15º CNTT

Paralelamente ao 15º Congresso Nacional da entidade, a Associação Brasileira de Técnicos Têxteis realizou a Assembléia Geral Ordinária, dirigida pelo ex-presidente da ABTT, Júlio Caetano Horta Barbosa, com assistência dos ex-diretores de Núcleos e ex-dirigentes nacionais da Associação, David Aguiar Bovendorp, Paulo Lyra, Luiz Breslauer, Luiz Barbosa da Fonseca Lima e Hélio da Conceição Camillo.

Na abertura, a Assembléia homenageou a memória da mãe do técnico têxtil Carlos Caraciollo e a José Augusto dos Santos, com um minuto de silêncio. O ex-presidente da Associação, Júlio Caetano Horta Barbosa, destacou a comemoração dos 30 anos da ABTT, ressaltando o progresso alcançado pela entidade.

O presidente do 15º CNTT, Luiz Barbosa da Fonseca Lima, fez a entrega aos sócios-fundadores e a seus representantes de um impresso com a foto histórica, gravada com o nome dos fundadores da ABTT. Foi entregue também o Prêmio de Excelência "Trinta Anos da ABTT" à Empresa Sintequímica do Brasil Ltda., representada pelos diretores Silvino Pedro da Silva e José Clarindo Macedo. Ao entregar a condecoração, o presidente do 15º CNTT frisou a importância da empresa homenageada na fabricação pioneira para o nordeste de pigmentos para estamparia desde 1954.

Luiz Barbosa ressaltou que a Sintequímica do Brasil Ltda. foi a patrocinadora dos prêmios concedidos a quinze empresas centenárias, homenageadas na abertura do 15º CNTT.

Luiz Barbosa da Fonseca Lima entregou também ao presidente do Sindicato da Indústria Têxtil do Rio Grande do Norte, Osório Dantas, um prêmio pela realização do 15º CNTT, e premiou os destaques nacionais indicados pelos núcleos regionais da ABTT. Foram premiados os técnicos têxteis Geraldo Agustavo da Fonseca — representado pelo gerente de Divisão da Companhia Industrial Itaunense, Ivan Moreira de Faria; Vandir Meller — representado por Randley Teixeira; e Paulo Siffert Brum, destaques respectivamente nas áreas de fiação e tecelagem.

Entre os indicados também pelo Núcleo de Minas Gerais, a ABTT premiou na área de acabamento o técnico têxtil Fábio Lima, que recebeu seu prêmio das mãos de Paulo de Sousa Lyra.

Por intermédio de Rogério Casaes de Carvalho, o Núcleo Rio Grande do Norte homenageou como destaque o técnico têxtil Jonas Tavares Benevides. O associado Edson Salles foi o responsável pela entrega do Prêmio Berimbau de Prata ao ex-presidente da ABTT, Hélio da Conceição Camillo, em nome do Núcleo Sergipe-Bahia.

Outra homenagem foi prestada ao técnico têxtil João Batista da Rocha, pelos 62 anos de formação de novos profissionais. O título de "Sócio Benemérito" da ABTT foi entregue a João Batista da Rocha por Júlio Caetano Horta Barbosa, ex-presidente da ABTT.

O 15º CNTT prestou uma homenagem também ao técnico têxtil Teodomiro Firmo da Silva Neto. Através do filho do homenageado, Teodomiro Filho, a ABTT prestou a Teodomiro Firmo da Silva Neto uma homenagem póstuma, concedendo a indicação de seu nome a uma das salas do SENAI/CETIQT, proposta feita por Luiz Barbosa, presidente do 15º CNTT.

Na etapa seguinte, o presidente da Assembléia, Júlio Caetano Horta Barbosa, convidou o ex-presidente da ABTT, Hélio da Conceição Camillo, e os presidentes de Núcleos a procederem à prestação de contas respectivas. Apresentaram contas, além do ex-presidente da ABTT, os ex-presidentes dos Núcleos Sul, São Paulo, Minas Gerais, Sergipe-Bahia, Nordeste e Rio Grande do Norte.

O 15º CNTT formou uma comissão especial para negociar a dívida que a ABTT contraiu junto à empresa Hirt & Hirt, formada pelo presidente do 15º CNTT, Luiz Barbosa da Fonseca Lima; o presidente-eleito da ABTT, Rodrigo Otávjo Gonçalves Nogueira; o ex-presidente da ABTT, Hélio Camillo; Carlos Alberto Peixoto Barbosa e o advogado da Entidade, Sílvio Zimmermann.

Aprovada pelo plenário, esta Comissão foi incumbida de se dirigir a Curitiba e negociar uma solução conciliadora para a ABTT diante da Hirt & Hirt.

Na Assembléia ainda, o presidente do 15º CNTT, Luiz Barbosa F. Lima, apresentou o balanço financeiro do evento, que registrou um superávit de cerca de 160 milhões, e procedeu a seguir à chamada dos novos presidentes dos Núcleos Regionais da ABTT.

Os presentes elegeram a nova diretoria da ABTT, encabeçada pelo técnico têxtil Rodrigo Otávio Gonçalves Nogueira, e definiram que o 16º CNTT deverá se realizar em Salvador/Bahia.

O presidente eleito da ABTT, Rodrigo Otávio Gonçalves Nogueira, solicitou fosse gravado em ata um voto de congratulações para com a Comissão Organizadora do 15º CNTT. Destacou o papel dos Técnicos Têxteis como pilares da indústria nacional e pediu o apoio de todos os núcleos regionais em sua gestão à frente da ABTT. Rodrigo Otávio Gonçalves Nogueira recebeu do Núcleo Sergipe-Bahia o "Berimbau do Sucesso".

O plenário da Assembléia procedeu a uma homenagem ao colega Aluísio Weber, do Núcleo Rio de Janeiro, pelo seu recente passamento, e ouviu o ex-presidente da ABTT, Hélio Camillo, que enalteceu as reuniões preparatórias à Assembléia, que permitiram acordos antecipados sobre assuntos de interesse da ABTT.

O Professor Iedes Ramalho Cordeiro, da Universidade Federal do Rio Grande do Norte, foi homenageado pela Comissão Organizadora do 15º CNTT, que recebeu uma homenagem por sua vez feita pelo representante do Núcleo São Paulo, Roberto Armando Grassi, pelo Dia do Técnico Têxtil, dia 12 de setembro.

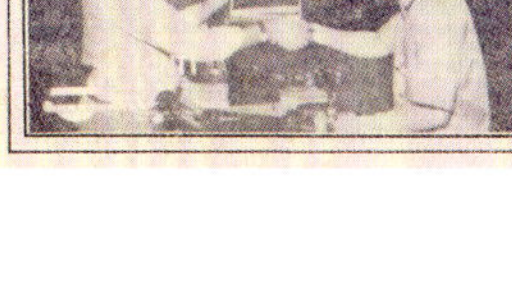

Pela sequência:

À esquerda:

A ABTT entregou a João Batista da Rocha o título de Sócio Benemérito.

O Presidente da Assembléia, Júlio Caetano Horta Barbosa, ao lado do secretário David Bovendorp e do presidente do 15º CNTT, Luiz Barbosa Lima.

O filho de Theodomiro Firmo da Silva Neto, Theodomiro Filho, recebeu da Mesa Diretora as homenagens do 15º CNTT, em nome do pai, que é ex-presidente da ABTT.

À direita:

Handley Teixeira recebe das mãos de Valdecir A. Moreira, Presidente do Núcleo MG, a homenagem prestada a Vandir Meller.

Ivan Moreira de Faria recebe a homenagem de Destaque Nacional em nome de Geraldo Agustavo da Fonseca, entregue por Júlio Caetano Horta.

Fábio Lima recebendo homenagem do Núcleo MG das mãos de Paulo Lyra.

Destacam-se a seguir excertos do discurso de José Alencar Gomes da Silva, por ocasião do trigésimo aniversário da ABTT.

Obra de valorização humana

A Associação Brasileira de Técnicos Têxteis completa 30 anos de existência, na mesma marca do tempo em que o Serviço Nacional de Aprendizagem Industrial comemora seu cinquentenário.

Há muitos pontos de afinidade para explicar essa feliz coincidência. São instituições que buscam objetivos comuns, na promoção do homem por meio do trabalho. A ABTT, congregando a categoria profissional, e o SENAI formando seus integrantes.

Verdadeiro padrão de excelência qualifica a formação que lhes assegura o Senai, de onde saem para ocupar nas fábricas, não raro, cargos de maior responsabilidade, tudo em razão da preparação que receberam.

Os técnicos têxteis provêm, em sua totalidade, de escolas que enriquecem o ensino profissional. A mais importante delas é o CETIQT – Centro de Tecnologia da Indústria Química e Têxtil, unidade do Senai instalada no Rio de Janeiro, com características de escola do primeiro mundo. Presidindo a todo esse contexto, sobressai a preocupação com o homem, seu adestramento profissional e sua formação como cidadão. Existem, portanto, razões para se festejar e aplaudir uma obra que encerra os propósitos mais elevados de valorização humana e de progresso social.

A ABTT mostra em seus quadros exemplos notáveis de profissionais, como é o caso de Rodrigo Otávio Gonçalves Nogueira, seu novo e dedicado presidente, da Itaunense, e do competente Valdecir de Araujo

Moreira, da Santanense. Conservando as boas raízes e aproveitando as modernas experiências transmitidas por uma escola modelar, muitos deles são, hoje, empresários vitoriosos, dirigindo empresas importantes em Minas Gerais e no Brasil.

Só de mineiros, uma relação de nomes incluirá os presidentes Silvio Diniz Ferreira, da Cedro Cachoeira, e Oscar Augusto Rache, da São José; os diretores Antônio Alexandre e Agnaldo Diniz Filho, também da Cedro Cachoeira; Marcos Pousa, da Coteminas; Antonino Diniz Neto e Gilberto Mascarenhas Cury, da Companhia Industrial Estamparia; Raymundo Alves, da São Joanense; José Narciso, da Pará de Minas; os gerentes Orlando Campos Barbosa, Ronaldo Fonseca Faria e Elson Lima Menezes, da Coteminas, dentre muitos outros.

Galeria realmente brilhante, à qual se juntam, em diversas posições de comando ou assessoria, quase oito mil técnicos associados à ABTT, dos quais cerca mil só em Minas Gerais.

Incluo-me no seleto grupo como técnico honorário, honroso título outorgado a mim pelo CETIQT. São, assim, expressivas e relevantes as razões de nosso júbilo pelo transcurso dos 30 anos da ABTT, entidade que tem prestado colaboração significativa ao desenvolvimento da atividade profissional que representa.

O apreço e o respeito de todos nos pelos técnicos têxteis brasileiros, nossos companheiros, podem ser manifestados a Rodrigo Otávio Gonçalves Nogueira, mineiro de Itaúna, de nobre estirpe, continuador das melhores tradições industriais em setor decisivo para a riqueza do município; e também a Valdecir de Araujo Moreira, novo presidente do Núcleo/MG, um fluminense que se radicou em Minas e é, hoje, gerente da Companhia de Tecidos Santanense, em Itaúna.

Em suas mãos, o destino da instituição e as causas dos técnicos têxteis estarão assegurados, permitindo-lhes contribuir, cada vez mais, para o crescente progresso do parque têxtil do estado e do País.

José Alencar Gomes da Silva

XVI Congresso Nacional de Técnicos Têxteis
Salvador, 7 a 10 de setembro de 1994

O evento bienal da ABTT desse ano contou com a companhia da III FENATÊXTIL, que ocorreu paralelamente ao Congresso e expôs desde matérias-primas até produtos confeccionados, propiciando condições para que a comercialização acontecesse de maneira fácil e ágil. Palestras, cursos e painéis, abordando temas como as tendências da moda, qualidade como elemento de gestão e tecnologia de ponta, fizeram do XVI CNTT o fórum apropriado para a apresentação do que existe de melhor e mais

XVI C.N.T.T.
Congresso Nacional de Técnicos Têxteis

III FENATEXTIL
Feira Nacional da Confecção e Indústria Têxtil

Local
Centro de Convenções - Salvador - Bahia

Data - 07 a 10 de setembro de 1994

Organização - Dinâmica operadora de eventos lt
Coordenação - A.B.T.T. - Núcleo SE/BA
Apoio - Sindicato das Indústrias de Fiação e Tecelagem em Geral do Estado da Bahia - Secretaria da Indústria e Comércio do Estado da Bahia - Federação das Indústrias do estado da Bahia - Bahiatursa

Público alvo - 2.500 Profissionais militantes da área têxtil.
Empresários, Fabricantes, Fornecedores, Confeccionistas e Prestadores de Serviços, não fiquem fora desta, reserve já o seu ESPAÇO
RESERVAS DE STANDS - FAX - (071) 359.7918 - Luizete Sá Barreto - (071) 359.1929 - Marcelo Gonçalves Santos

moderno na indústria têxtil. Isso inserido na paisagem histórica da Bahia, recepcionado pela espontaneidade de seu povo e embalado por sua música contagiante.

O XVI CNTT e a FENATÊXTIL foram oficialmente apresentados à comunidade têxtil no dia 8 de setembro, em um evento que reuniu palestras, desfile de modas e um delicioso coquetel.

A mesa diretora do XVI Congresso nacional da ABTT contou com Edson Augusto Sales, da Bahia, como presidente.

XVII Congresso Nacional de Técnicos Têxteis
Belo Horizonte, 4 a 7 de setembro de 1996

Transcrevem-se aqui as palavras de Jessé Antonio e Silva, presidente do XVII CNTT, no editorial do Boletim Informativo n. 6, de setembro de 1996.

O XVII Congresso Nacional de Técnicos Têxteis será mais que um encontro convocado pela ABTT para promover o aperfeiçoamento

Participantes do XVII CNTT em momentos distintos

profissional da classe, abrir a oportunidade de conhecimento de novas tecnologias colocadas à disposição da indústria têxtil e discutir os temas mais emergentes do setor.

Ele será, sem qualquer dúvida, uma excepcional oportunidade para a análise profunda, ampla e necessária dos problemas, potencialidades e perspectivas da cadeia têxtil.

A amplitude dos apoios recebidos, que conduzem a Belo Horizonte todas as entidades representativas dos diversos setores envolvidos na questão, transforma o XVII CNTT num verdadeiro fórum nacional. Aqui, certamente, serão ouvidas as mais expressivas lideranças, trocadas as mais consolidadas experiências e alicerçadas as mais corretas decisões para a retomada do desenvolvimento da atividade têxtil e, como consequência, de todos os setores e segmentos com ela envolvidos.

A presença de ministros de Estado, dentre eles o de Indústria e Comércio, será, por sua vez, mais que uma prova de respeito às atividades que mais empregam e que têm peso considerável na economia nacional. Será, estamos confiantes, uma prova de que seremos ouvidos.

É necessário e inadiável que nossos objetivos encontrem o estuário do entendimento, da parceria e do compromisso em busca de um horizonte comum. Sem isso, todo esforço será fragmentário, todas as ações débeis – o futuro será incerto.

A "Carta de Minas Gerais", que será produzida ao final do XVII CNTT, deverá conter, pois, não somente as mazelas que nos afetam. Haverá de indicar rumos certos, coerentes e factíveis – subsídios corretos para o estabelecimento de uma verdadeira política governamental, que contemple a cadeia têxtil e beneficie o País.

XVII CNTT
CONGRESSO NACIONAL DE TÉCNICOS TÊXTEIS
Belo Horizonte, 4 a 7 Setembro 1996

Belo Horizonte, 17 de setembro de 1996

Ilmo.Sr.
Rodrigo Otávio Gonçalves Nogueira
Secretário Geral da ABTT Nacional
Itaúna/MG

Prezado Companheiro:

Estamos iniciando as atividades da ABTT Nacional no biênio 1996/1998. Queremos, como primeiro ato, convidá-lo para um trabalho planejado, objetivo e dinâmico, à altura das tradições de nossa Associação, mantendo nossos compromissos e lançando-nos a novos projetos que possam consolidar a posição da ABTT como entidade de classe de representação verdadeiramente nacional.

Para isso, contamos com seu entusiasmo e dedicação - qualidades que já o identificam no trabalho em benefício da ABTT.

Como deveremos preparar um documento com o "programa mínimo" que procuraremos executar no biênio, solicitamos ao prezado amigo a gentileza de nos enviar, o mais rapidamente possível, suas sugestões. São idéias de projetos, de metas a serem alcançadas e indicações para montagem de um calendário promocional. Participe desse planejamento.

Na certeza de sua melhor atenção, firmamo-nos

Cordialmente

Jessé Antônio e Silva
Presidente da ABTT Nacional

PROMOÇÃO DO NÚCLEO MG

Rua Paraíba, 345
Telefone (031) 201-8930 - FAX (031) 212-4005
CEP 30.130-140 - Belo Horizonte/MG

CARTA DE MINAS

Ao longo de mais de 33 anos de atuação, a Associação Brasileira de Técnicos Têxteis tem estado sempre presente no estudo de soluções para os problemas técnicos e sociais da área de interesse de seus associados.

Ao técnico têxtil tem cabido, ao longo da história, orientar o trabalho, transmitir os avanços técnicos, buscar soluções e induzir as pesquisas, representando um importante elo entre os trabalhadores e o empresariado, o que o coloca numa posição de ver e vivenciar os problemas da indústria têxtil.

Não estamos, assim, alheios à crise que se abateu sobre este importante setor da economia brasileira. Ao contrário, sentimos de perto as consequências de atos e omissões daqueles a quem compete a condução da economia nacional.

Afinal, o que a sociedade brasileira quer da indústria têxtil?

Estamos numa encruzilhada: ou nos situamos ao lado das verdadeiras potências industriais, produzindo competitivamente e vendendo para o mundo todo, ou assumimos a posição de meros importadores, consumindo o que os outros produzem.

Tudo se resume, portanto, na definição de uma **política industrial e de comércio exterior** e, consequentemente, na adoção das medidas práticas necessárias a que se atinja o objetivo pretendido.

Para uma perfeita compreensão da grandeza e da importância dessa questão, precisamos relembrar alguns fatos sobre a indústria têxtil. Ela representa, hoje, a maior fatia do comércio mundial, movimentando 190 bilhões de dólares, mais do que o petróleo. São 170 os países exportadores de têxteis. É o setor industrial que mais emprega no mundo: 40 milhões de trabalhadores. Mesmo nos países em que a indústria têxtil alcança os mais elevados níveis de produtividade, ela é a maior empregadora entre todos os setores industriais.

A questão, repetimos, é saber se o Brasil deve ficar fora desse mercado produtor, limitando-se a consumir o que é produzido naqueles países, ou se vamos gerar os empregos aqui dentro de nossas fronteiras.

A Associação Brasileira de Técnicos Têxteis não tem qualquer dúvida ao responder à indagação. Nosso destino histórico é nos situarmos ao lado dos grandes produtores, porque temos um parque industrial como poucos, operado por trabalhadores eficientes e conduzido por empresários lúcidos e competentes.

De que, então, precisamos?

CUSTO BRASIL - Todos sabem o que essa infeliz expressão significa, pelo que não cabe, nesta sucinta manifestação, esmiuçar o tema. Apenas lembramos que não podemos exportar tributos e nem emperrar e encarecer as exportações pela ineficiência do transporte interno e pelo elevadíssimo custo dos nossos portos.

TARIFAS DE IMPORTAÇÃO - Tarifas *ad valorem* aplicadas sobre preços subfaturados são inócuas. Abertura comercial ampla e irrestrita, como a feita no país, pede também fiscalização ampla e irrestrita, o que por sua vez exige órgãos de controle que o país ainda não desenvolveu. **A adoção de preços-pauta ou valoração aduaneira de direitos específicos, são medidas simples e eficazes nesta fase de transição.**

JUROS - A diferença entre as taxas de juros externas e internas e a concessão de longos prazos para pagamento, permitem a importação e a venda à vista pelo preço de custo ou mesmo abaixo dele, para aplicação financeira pelo restante do período com a realização de lucro financeiro substancial. Não há produtividade que consiga superar esse tipo de concorrência. Isso tudo nada tem a ver com as práticas de comércio internacional. **A exigência de importação à vista, ao invés de afrontar as boas normas do comércio, apenas restabelece condições equânimes de concorrência.**

ESPECIFICAÇÕES - Os produtos nacionais estão sujeitos a exigências de especificações não previstas para os importados. **Especificações precisas e rigorosas devem ser exigidas do importador já na guia de importação, de forma a evitar que o consumidor seja enganado com produtos de baixa qualidade.**

FORMAÇÃO DE RECURSOS HUMANOS - Muito embora o trabalhador têxtil venha comprovando eficiência, criatividade e interesse, as inovações tecnológicas e a modernização gerencial exigem um permanente aperfeiçoamento dos recursos humanos. **É preciso que as instituições de ensino e pesquisa sejam cada vez mais fortalecidas e dotadas dos recursos necessários ao atendimento dessas necessidades.**

ALGODÃO - O Brasil já foi grande produtor e exportador de algodão. Temos área cultivável, sol e solo adequados, conhecimento técnico e mão-de-obra disponível. Lamentavelmente, somos hoje o segundo maior importador de algodão em todo o mundo. Importamos quase sessenta por cento das nossas necessidades. **A indústria têxtil brasileira quer trabalhar com algodão brasileiro. Precisamos estimular a cotonicultura, criando mecanismos de financiamento adequados (taxas e prazos do mercado internacional), desonerando as exportações da fibra e valorizando os órgãos de pesquisa.**

Os técnicos têxteis brasileiros, reunidos em seu XVII Congresso Nacional, manifestam o seu otimismo quanto ao futuro do Brasil e reiteram a sua confiança na nossa competente indústria têxtil.

Belo Horizonte, 7 de setembro de 1996.

A Carta de Minas Gerais.

O XVII CNTT aconteceu em um momento particularmente delicado na vida da indústria têxtil, quando ela convivia com os efeitos da abertura da economia e todas as suas implicações: acirramento da concorrência e consequente necessidade de modernização, aumento da competitividade, racionalização, domínio de novas tecnologias e melhoria dos produtos. Felizmente, a maioria dos industriais, sérios e competentes, optou por enfrentar o momento com criatividade e arrojo.

O setor de fibras artificiais e sintéticas traçou um amplo painel de seus produtos e de seu potencial de aplicação, e o setor como um todo aproveitou a oportunidade para analisar o perfil da cadeia de produção têxtil brasileira e discutir, tanto do ponto de vista tecnológico quanto econômico, que caminhos trilhar.

O senador José Alencar Gomes da Silva, presidindo a sessão, leu o telegrama do Presidente Fernando Henrique Cardoso saudando os congressistas.

Durante o XVII CNTT comemorou-se também o Jubileu de Ouro de formatura de 146 técnicos têxteis das turmas de 1971/72 do CETIQT. Foram homenageados e agraciados com o diploma de Mérito Profissional, em reconhecimento a sua dedicação ao setor têxtil.

A mesa diretora do XVII Congresso nacional da ABTT contou com Jessé Antonio e Silva, de Minas Gerais, como presidente.

6

Congresso pode ter quatro ministros e dois governadores em BH

MINISTROS CONVIDADOS PARA O XVII CNTT

Rodrigo Otávio Nogueira, deputado Márcio Reinaldo Moreira, Paulo de Souza (assessor do deputado) e Jessé Antônio e Silva visitam o ministro de Indústria e Comércio Francisco Dorneles.

No Gabinete do ministro de Ciência e Tecnologia, José Israel Vargas, Márcio Vicente, Rodrigo Otávio Nogueira, Jessé Antônio e Silva e o deputado Márcio Reinaldo Moreira.

O minitro do Trabalho, Paulo Paiva, recebe Rodrigo Otávio Nogueira, Jessé Antônio e Silva e o deputado Márcio Reinaldo Moreira. O ministro da Agricultura, Arlindo Porto, também foi convidado para o Congresso

Página do Boletim Informativo n.º 6, de setembro de 1996. (Documento do acervo da ABTT.)

XVIII Congresso Nacional de Técnicos Têxteis
Guarujá, 1998

[01] Luis Paulo (Cedro-MG), Dr. Josué Christiano Gomes da Silva (Coteminas), Jessé Silva, Antonio Paculdino e João Paculdino (Paculdino – MG).

[02] João Luiz e Dr. Carlos Roberto de Castro, Presidente da ABRAFAS e do CORECON – SP.

A mesa diretora do XVIII Congresso Nacional da ABTT contou com Maria Adelina Pereira Galhani, de São Paulo, como presidente.

XIX Congresso Nacional de Técnicos Têxteis
Fortaleza, 13 a 16 de setembro de 2000

A mesa diretora do XIX Congresso Nacional da ABTT contou com Margarida Maria Melo Pereira, do Ceará, como presidente.

[01] Jessé Silva, José Alencar Gomes da Silva entre outros.

Professor Waumy Corrêa da Silva e esposa, João Rosso Neto.

O CENÁRIO

Vivemos, desde o início da década de 2000, mudanças de grande significado social e político no Brasil. A eleição do primeiro presidente representante da classe trabalhadora, Luiz Inácio Lula da Silva, foi um marco na história nacional. Sua candidatura e ótimos resultados nas pesquisas de intenção de voto geraram medo e agitação entre os empresários. O dólar disparou e as profecias apocalípticas se multiplicavam. O apocalipse não veio, e Lula foi reeleito após a conclusão de seu primeiro mandato, mesmo que isso parecesse impossível por conta da onda de esquemas de corrupção que vieram à luz ainda durante seu primeiro governo. O chamado Mensalão foi o primeiro a ser exposto, mas temos vivido anos prolíficos em escândalos relacionados a corrupção nos Poderes brasileiros.

Paralelamente ao enfraquecimento da credibilidade da população brasileira depositada nos políticos nacionais, surgia perante o mundo o fortalecimento do Brasil como país emergente, economicamente vigoroso, membro do G-20. Infelizmente, só isso não foi – nem tem sido até hoje – suficiente para superar o desafio de se manter competitivo em um mercado do qual faz parte a Ásia, com seus produtos de custo bem mais baixo, que entram facilmente em nosso mercado e no internacional também.

Ciente da necessidade crucial de desenvolver estratégias competitivas diferenciadas, baseadas no uso da inovação tecnológica como um instrumento fundamental para inserção no

	Presidentes eleitos no período	
2002/2004	Luiz Alberto Rodrigues	Núcleo RJ
2004/2006	João Luiz Martins Pereira	Núcleo SP
2006/2009	João Luiz Martins Pereira	Núcleo SP
2009/2011	Reinaldo Aparecido Rozzatti	Núcleo SP
2011/2013	Reinaldo Aparecido Rozzatti	Núcleo SP

mercado mundial, a indústria têxtil não dorme no ponto. O Brasil é o sexto produtor mundial de têxteis e confeccionados e se empenha incansavelmente para levar o País ao mundo por meio de seus produtos. E vem ganhando visibilidade internacional graças a sua maciça participação em feiras, desfiles e eventos do setor.

Investimento pesado também é a estratégia: até 2007, computavam-se US$ 4,7 bilhões de investimentos em filatórios, teares e máquinas de costura, máquinas para o segmento de fiação, tecelagem e confecção, além de malharia, beneficiamento e artigos técnicos.

Em 2010, US$ 2 bilhões foram aplicados na modernização dos parques fabris, em novas tecnologias e na capacitação de profissionais. A Universidade Técnológica Federal do Paraná, **UTFPR**, abriu seu curso de Engenharia Têxtil em Apucarana e tem planos de implantar o curso de Mestrado e Doutorado em Engenharia Têxtil.

O setor têxtil brasileiro figura, hoje, como o segundo maior empregador da indústria de transformação e é o segundo maior produtor de denim do mundo. Seu parque têxtil é o quinto do mundo, e o Brasil é o quarto maior comprador de teares a jato de ar do mundo e o maior da América Latina.

Nessa década, especificamente em 2010, a ABTT, sempre acompanhando de perto toda a movimentação do setor, foi uma das patrocinadoras da edição desse ano da ITMF – International Textiles and Manufacters Federation, que reúne as associações têxteis de vários países. A cada dois anos, o **ITMF** realiza sua

Conferência Bienal convidando centenas de empresários desde o segmento das fibras, fiação até tecelagens para discutir o cenário atual e as perspectivas para os próximos anos.

Nessa ocasião, o Brasil sediou o evento pela terceira vez, e pela segunda vez a cidade de São Paulo teve esse privilégio.

Já em Blumenau e Campinas acontecia a Conferência da VDMA – Associação Alemã dos Fabricantes de Máquinas –, com o apoio e representação também da ABTT.

A ABTT, Associação Brasileira de Técnicos Têxteis, manifesta seu apoio ao Setor Têxtil da Associação Alemã dos Fabricantes de Máquinas, VDMA, nos eventos de tecnologia têxtil programados em Blumenau e Campinas em Novembro de 2010, que considera benéficos para o intercâmbio de ideias e experiências entre os nossos associados e demais profissionais têxteis de outros países e trará conhecimentos atualizados de maquinaria e tecnologia têxtil.

Reinaldo Aparecido Rozzatti
Presidente ABTT – Associação Brasileira de Técnicos Têxteis

É uma boa oportunidade para os empresários brasileiros conhecerem as novidades técnicas e os lançamentos de tradicionais parceiros comerciais, como são as empresas alemãs.

Aguinaldo Diniz Filho
Presidente da ABIT – Associação Brasileira da Indústria Têxtil e de Confecção

A Indústria Têxtil e do Vestuário de Blumenau e de Santa Catarina considera esta Conferência como mais um importante meio de atualização e informação tecnológica neste mundo de desafios cada vez maiores e mudanças cada vez mais rápidas.

Ulrich Kuhn
Presidente SINTEX

Em 2011, a Ubifrance Brasil, junto com a UCMTF – União dos Construtores de Máquinas Têxteis da França – realizou o II Colóquio e Workshop de Máquinas Têxteis, em Campinas, SP. Com participação em Barcelona (Espanha), a ABTT teve a oportunidade de apoiar a edição 2011 da ITMA – International Textile Machinery Exhibitors, inaugurada em 1951. A delegação brasileira no evento foi a terceira em número de visitantes.

A MODA

Como estratégia competitiva, as empresas do setor de moda têm tido a preocupação de seguir as tendências internacionais, encontrar nichos de mercado e oferecer produtos diferenciados de marcas e estilistas reconhecidos. Acima de tudo, buscam fortalecer a marca Brasil.

A globalização tem exigido que as marcas se foquem cada vez mais no público-alvo, de modo que não é mais suficiente que o estilista cuide sozinho de criar e vender. É preciso que alguém tenha a visão de mercado e de negócios, para que as criações cativem o público consumidor. É por isso que, hoje, a figura do diretor criativo dentro do sistema da moda nacional é imprescindível.

E o que estilistas e diretores criativos trazem é a releitura de tecidos e peças que existem desde o início do século. É a época da diversidade, que contempla, o tempo todo, tendências aliadas a referências; época em que se vê nas ruas tudo que se usou nos últimos 50 anos. E tudo com harmonia.

Os tecidos de alto desempenho conquistam espaço – absorvem suor, mudam de cor etc. –, permitem criar peças de uso eclético e refletem o constante investimento do setor têxtil em avanço tecnológico.

ACONTECEU NA DÉCADA

XX Congresso Nacional de Técnicos Têxteis
Blumenau, 13 a 16 de agosto de 2002

A *Revista ABTT*, cuja meta da Associação era publicar trimestralmente, apresentando sempre assuntos com conteúdo técnico-científico de interesse para toda a comunidade da cadeia têxtil, em sua primeira edição trouxe a cobertura do XX Congresso Nacional de Técnicos Têxteis. Aqui se reproduz a matéria que fez parte da inauguração desse importante veículo de informação para o setor têxtil e que, ao mesmo tempo, cobriu a vigésima edição do maior evento do tipo nas Américas.

Cerimônia de abertura do XX CNTT.

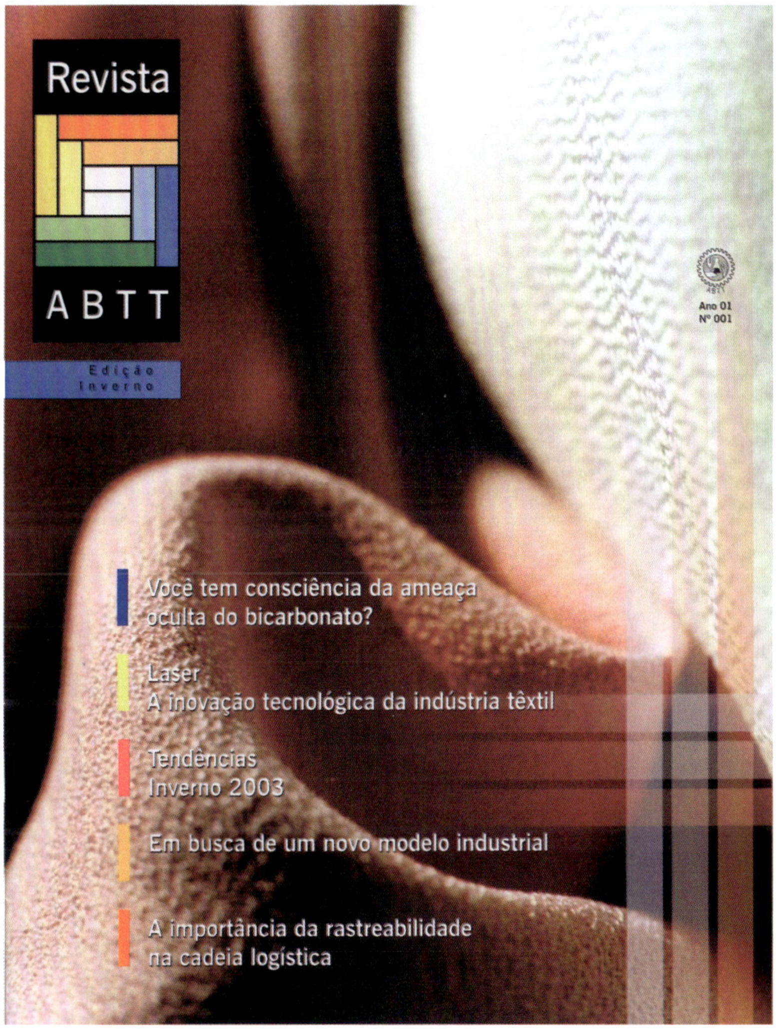

Capa da Revista ABTT, Ano 1, n. 1

A ABTT – Associação Brasileira de Técnicos Têxteis – promoveu, por meio da ABTT Núcleo Regional Sul – NURESUL, o lançamento do XX CNTT, Congresso Nacional de Técnicos Têxteis.

Considerado o maior evento da área têxtil brasileira, a abertura de 2002 aconteceu no Himmelblau Palace Hotel, na cidade de Blumenau, em Santa Catarina. A sede do próximo Congresso Nacional de Técnicos Têxteis, que acontece a cada dois anos, será escolhida em assembleia.

No lançamento estiveram presentes aproximadamente duzentos convidados, entre empresários, técnicos têxteis, autoridades de Blumenau, do Governo do Estado e jornalistas, além de membros da Diretoria Nacional da ABTT – Associação Brasileira de Técnicos Têxteis.

O mestre de cerimônias foi Marcelo Rego, da TV Galega, da cidade de Blumenau/SC. A cerimônia foi enriquecida com a presença do senador da República e presidente do Grupo COTEMINAS, dr. José Alencar Gomes da Silva, que proferiu uma conferência sobre "Estudos da Economia Nacional".

Foram, na ocasião, anunciados oficialmente como patrono do XX CNTT, in memoriam, o sr. Jessé Antonio e Silva, ex-presidente da ABTT, recentemente falecido, e como Presidente de honra foi escolhido o sr. Hans Prayon, presidente do Conselho de Administração da Cia. Hering, que também participou do evento.

O lançamento foi uma amostra do sucesso que será e o que espera o Técnico Têxtil e os profissionais têxteis.

Mais uma vez, sucesso total na edição de 40 anos do CNTT, comemorados na abertura do XX Congresso Nacional de Técnicos Têxteis, evento que, dessa vez, foi acompanhado da Febratex – Feira Brasileira da Indústria Têxtil, cujo público-alvo foi composto por profissionais e empresários da cadeia produtiva têxtil-vestuário.

O XX CNTT foi dividido em cinco módulos de trabalhos, com diretorias próprias: Fiação, Tecelagem (plana e de malha), Beneficiamento, Confecção/Moda e Administração. Julgou-se necessária a divisão para melhor agrupar os temas discutidos. Cada módulo teve suas palestras, cursos, fóruns e workshops.

As 64 palestras aconteceram simultaneamente em oito salas. Houve importantes debates, como "A criação da ALCA em 2005 e as consequências para a Indústria Têxtil Nacional"; e "Técnico têxtil: valor humano em constante evolução frente aos novos desafios".

O painel "Moda e Vestuário: as implicações da globalização nas tendências" foi apresentado junto com um desfile coordenado pelo Senai Blumenau e pelas estilistas Maria Tereza e Rosenei Zanchett.

A mesa diretora do XX Congresso nacional da ABTT contou com Carlos Roberto Coelho Feliciano, de Santa Catarina, como presidente.

XXI Congresso Nacional de Técnicos Têxteis
Natal, 7 a 11 de setembro de 2004

A mesa diretora do XXI Congresso nacional da ABTT contou com Iéris Ramalho Cortês, do Rio Grande do Norte, como presidente.

Capa da Revista ABTT, Ano 1, n. 2

XXI CNTT supera expectativas

O Núcleo Rio Grande do Norte da ABTT – Associação Brasileira de Técnicos Têxteis – realizou o XXI Congresso Nacional de Técnicos Têxteis e a 7ª Feira Nacional da Indústria Têxtil e de Confecções, em atividades que aconteceram de 7 a 11 de setembro passado, no Centro de Convenções Parque das Dunas na aprazível cidade de Natal/RN. A maciça presença do público superou as expectativas dos organizadores. Nesta edição, o CNTT contou com a participação da UFRN – Universidade Federal do Estado do Rio Grande do Norte – Departamento de Engenharia Têxtil, que promoveu o II Simpósio Internacional de Engenharia Têxtil.

O evento teve como tema central "O Homem e a Consciência Ambiental na Cadeia Têxtil", e foi aberto com a presença do vice-presidente da República dr. José Alencar Gomes da Silva, e da governadora do estado do Rio Grande do Norte, sra. Wilma de Faria, dentre muitas outras autoridades estaduais, municipais e da cadeia têxtil.

As inscrições ultrapassaram a casa do milhar, entre profissionais, estudantes e professores ligados à área têxtil que participaram do evento. As palestras e os minicursos que foram proferidos por nomes de grande destaque nacional e internacional tiveram grande afluência de atentos ouvintes, e seus temas continuaram sendo discutidos após o encerramento. Segundo o professor Iéris Ramalho Cortês, presidente do XXI CNTT, um dos assuntos que mais chamou a atenção dos congressistas foi o relativo às novas tecnologias apresentadas para a área têxtil, como os tecidos para a proteção do corpo. Dentre os palestrantes internacionais destacamos as contribuições de participantes de países como África do Sul, Alemanha, Espanha, Estados Unidos, Grécia, Holanda, Índia, Inglaterra, Israel, Itália, Polônia, Portugal, República Tcheca, Romênia e Turquia.

A Comissão Organizadora recebeu centenas de trabalhos para o Concurso Técnico, apresentados por profissionais e estudantes da cadeia têxtil, que, após uma seleção, premiou os seguintes trabalhos:

- 1.º lugar – "Tratamento de superfície em materiais têxteis, efeitos causados pela descarga Corona em tecidos de poliéster". Autores: João Batista Giordano e João Sinézio de Carvalho Campos.
- 2.º lugar – "A influências dos detergentes em pó na solidez da cor dos têxteis". Autores: Paulo Sérgio Salvi e Kátia Cristina Martins.
- 3.º lugar – "Estudos comparativos das características dos tecidos de malha produzidos com fios de anéis e compactados". Autores: João Henrique Torres, Toshiko Watanabe e Regina Aparecida Sanches.

Um dos pontos fortes do evento foi o painel e mesa redonda sobre o fim do Acordo Multifibras em Janeiro de 2005, que contou com a participação do presidente da Coteminas e patrono do XXI CNTT, dr. Josué Christiano Gomes da Silva, que representou o presidente da ABIT – Associação Brasileira da Indústria Têxtil e de Confecção e recém-eleito presidente da FIESP – Federação das Indústrias do Estado de São Paulo, dr. Paulo Antonio Skaf; do diretor executivo da ABRAPA – Associação Brasileira de Produtores de Algodão, dr. Hélio Tolline; do secretário de Desenvolvimento Econômico do Estado do Rio Grande do Norte, dr. João Maia, e do presidente da FIERN – Federação das Indústrias do Rio Grande do Norte, dr. Flávio Azevedo. A retomada da produção de algodão pelo Rio Grande do Norte foi mencionada e incentivada durante as discussões da mesa redonda, com a efetiva participação do público presente à sessão.

Outro item de grande destaque da programação técnica e científica do evento foi a visita à unidade fabril local da COTEMINAS – Cia. de Tecidos Norte de Minas, empresa que, mais uma vez, cordialmente abriu suas portas para a visitação dos congressistas, como já é de praxe nos eventos da ABTT. Para alegria dos visitantes, o vice-presidente da República dr. José Alencar e o presidente da empresa, dr. Josué Christiano, além de vários diretores, fizeram pessoalmente as honras da casa, apresentando as diversas seções industriais.

Os expositores desta sétima edição da Fenatêxtil apostaram no sucesso do evento e saíram bastante recompensados com os bons negócios fechados durante a feira e as excelentes perspectivas dos contatos iniciados.

Fazendo um balanço final sobre o CNTT, o professor Iéris afirmou: "Tudo que foi programado foi executado com o máximo rigor. Os participantes foram muito bem recepcionados e, graças ao grande esforço de todos, ao apoio dos patrocinadores e ao bom trabalho de organização realizado pela Ases Associados, o evento foi um grande sucesso".

O presidente do Núcleo Regional Nordeste, o associado Luiz Barbosa da Fonseca Lima, aceitou a incumbência da realização do XXII CNTT e da 8.ª Fenatêxtil em 2006. Aguardem mais detalhes em nossas próximas edições.

Revista ABTT, n. 9

XXII Congresso Nacional de Técnicos Têxteis
Recife, 25 a 29 de julho de 2006

A mesa diretora do XXII Congresso nacional da ABTT contou com Luiz Barbosa da Fonseca Lima, de Pernambuco, como presidente.

João Luiz Martins Pereira, Frits Herbold, Ricardo Haydu, Julio Caetano Horta Barbosa, João Carlos Lebre, Leonardo Hamilton e Luiz Barbosa da Fonseca Lima.

Ode à ABNTT (autor: Salenrod*)

I
Vai ser no mês de julho
em Pernambuco, nosso Estado
das máquinas. Já ouço o
barulho
de um encontro arretado
e apresento com orgulho
um convite pra ser aceitado.

II
Uma Feira e um Congresso
de âmbito nacional
técnicos da cadeia têxtil em
progresso
fazem uma moda sensacional
se inscreva e com seu ingresso
fique por dentro e atual

III
A ABTT é quem promove
esses nobres e grandes eventos
venha pra cá e prove
essa festa de talento
veja, aprenda e comprove
novidades e conhecimento

IV
Da matéria-prima à confecção
uma rica cadeia foi criada
empregos, renda e ocupação
fazem parte da parada
é a ABTT na qualificação
da mão de obra especializada.

V
Vale a pena relembrar
um passado nem tão distante
a ABTT pra começar
foi criada sem rompante
quarenta e quatro anos vão falar
de uma trajetória brilhante.

VI
Foi lá no Rio de Janeiro
que a danada foi fundada
químicos e engenheiros
tecnólogos de enxurrada
e de um jeito bem brasileiro
a cadeia foi formada

* Dornelas.

VII
A Associação foi crescendo
com a proposta se expandindo
o intercâmbio acontecendo
e o número de sócios subindo
em vários lugares se promovendo
informações indo e vindo.

VIII
Foi preciso organização
pra tudo melhor funcionar
veio daí a criação
de núcleos a se formar
a com essa integração
o setor só teve a ganhar.

IX
É claro e evidente
que há muita participação
dos vários núcleos presentes
divididos por região
ligando feito elos de corrente
todo Brasil com integração.

X
E você que não me ignora
ouça bem com atenção
participe sem demora
de toda a programação
minicursos, palestras e painéis a toda hora
organizados por cada comissão.

XI
Com esforço e paciência
sabedoria e determinação
a ABTT tem por experiência
que é preciso união
pra que haja competência
da fábrica até o balcão.

XII
Tinturaria, tecelagem e fiação
tem muita coisa pra ver
nanoteconologia, marketing e administração
você também pode rever
vestuário e estamparia de última geração
participe pra aprender.

XIII
E daqui de Pernambuco
leve um presente a quem ama
nem pense que sou maluco
aqui se fabrica roupa de fama
vá correndo que nem um
trabuco
comprar jeans em Toritama.

XIV
Nem Daspu, nem Daslu
seja uma pessoa interessante
roupa linda pra chuchu
não é previlégio de feirante
pois lá no Polo Caruaru
só tem moda elegante.

XV
E a feira da sulanca
com sua grande concepção
tem pra mais de mil bancas
com moda de inverno e verão
o bom gosto não se estanca
em Santa Cruz do meu coração.

XVI
Obrigado por vir
pra essa grande festa
e com o coração a sorrir
muito pouco ainda resta,
mas digo e não vou mentir
vai ser bom, e ninguém
contesta.

XXIII Congresso Nacional de Técnicos Têxteis
São Paulo, 14 a 17 de abril de 2009

A mesa diretora do XXIII Congresso nacional da ABTT contou com João Luiz Martins Pereira, de São Paulo, como presidente, e Aguinaldo Diniz Filho foi o presidente de honra.

Julio Caetano Horta Barbosa, Helvio Pompeo Madeira Jr., Reinaldo Aparecido Rozzatti, entre outros; na foto seguinte, discursando, Aguinaldo Diniz Filho, Reinaldo Rozzatti, Antonio Berenguer e Rafael Cervone.

Mensagem do Presidente

A ABTT, em suas quase cinco décadas de existência, construiu uma história memorável participando decisivamente para o desenvolvimento do Setor Têxtil e de Confecção.

Desde 1975 acompanho diretamente esta história, quando me associei à ABTT.

Nos 13 anos da ABTT anteriores à minha filiação conheci-a e aprendi a admirá-la por meio dos relatos e convivência com vários dos fundadores; alguns deles colaboram conosco ativamente até hoje. Percebi, ao longo destes anos, que a história da associação não estava devidamente registrada.

Em 2002, quando retornei à Diretoria Nacional da ABTT, um de nossos objetivos prioritários foi o de resgatar esta memória.

O primeiro passo para buscarmos este objetivo foi reativar o nosso site, modernizá-lo, torná-lo útil e atraente; creio que as mais de 8.000 visitas/mês que recebemos atualmente indicam que estamos no caminho certo.

O segundo passo foi reunir depoimentos de fundadores e de pessoas que fizeram parte da trajetória da associação.

Este material fará parte de um livro que lançaremos em 2012, ano do Cinquentenário da ABTT.

Uma parte importantíssima deste registro documental é a realização de nossos Congressos Técnico-Científicos que acontecem ininterruptamente desde 1962, em períodos aproximados de dois anos.

Um grupo de mais de 70 pessoas vêm se dedicando com afinco à organização da XXIII edição de mais um Congresso.

Outra prioridade que buscamos em nossa gestão é trabalhar de maneira ética e transparente, respeitando e fazendo respeitar nosso estatuto.

Nela estão claramente definidos nossos objetivos como associação:

Promover o intercâmbio de ideias e experiências entre os seus associados e os demais profissionais têxteis de outros países, bem como com entidades congêneres nacionais e estrangeiras.

Estimular e promover o desenvolvimento de pesquisas que venham beneficiar a tecnologia têxtil nacional.

Nossas parcerias com a FCEM e com a ABQCT, bem como o concurso de trabalhos técnicos, vem ao encontro desses objetivos.

Finalizando, quero destacar algumas palavras que melhor refletem nossa identidade como associação e a forma como enxergamos o Setor Têxtil e de Confecção brasileiros:

TENACIDADE – Superando desafios com determinação e dedicação.

COLABORAÇÃO – Proporcionando benefícios mútuos nas relações comerciais e de troca de conhecimentos.

INOVAÇÃO – Buscando e criando oportunidades para nosso desenvolvimento pessoal e profissional.

INTEGRIDADE – Adotando o mais alto padrão de ética em todas as nossas relações e no dia a dia.

CREDIBILIDADE – Cumprindo nossa missão, proporcionando o crescimento de nossos parceiros.

PAIXÃO – Sem ela nada acontece; amamos o que fazemos.

Um ótimo Congresso para todos nós.

João Luiz M. Pereira

XXIV Congresso Nacional de Técnicos Têxteis Fortaleza, 2011

A mesa diretora do XXIV Congresso nacional da ABTT contou com João Carlos Lebre, do Ceará, como presidente.

Abertura do XXIV Congresso da ABTT em Fortaleza.

SESSÃO DE ABERTURA

Destacam-se, a seguir, excertos do discurso do presidente Reinaldo Aparecido Rozzati.

Às vésperas de completar seu cinquentenário, a ABTT está iniciando a 24ª edição de seu Congresso Nacional. Evento realizado ininterruptamente desde sua fundação em 2 de novembro de 1962.

Suas sucessivas administrações sempre alimentaram com combustível de dedicação e união o idealismo dos fundadores da associação, que é tocada pela harmonia voluntariosa entre seus pares.

Painel "A Indústria Têxtil no Brasil"

Congressos nacionais foram realizados pelos mais diferentes rincões do Brasil, levando mensagens de novos conhecimentos e novas tecnologias, espalhando a informação que, para muitos, se tornou imprescindível no desempenho de suas atribuições profissionais com visão ética, aberta e franca, para com seus associados.

(...)

A ABTT apoiou e patrocinou eventos internacionais, como o Seminário de Máquinas e Tecnologias Alemãs – VDMA em São Paulo e Blumenau.

Patrocinou, pela primeira vez, um evento: a reunião no Brasil do ITMF.

A ABTT apoia a realização da ITMA 2011 em Barcelona na Espanha em Setembro vindouro, e através de acordo de parceria oferecerá vantagens aos seus associados que lá comparecerem.

Painel "A Indústria Têxtil no Brasil"

Apoia também o Encontro de Máquinas Francesas que ocorrerá em Campinas – SP em outubro vindouro.

E a ABTT realizará a partir deste ano até 2 novembro de 2012 a comemoração de seu CINQUENTENARIO, que tem o Colega Técnico Têxtil Waumy Corrêa da Silva, Fundador da ABTT na presidência da Comissão.

A ABTT, a partir da administração da ABIT presidida pelo Técnico Têxtil Aguinaldo Diniz Filho – Presidente Emérito desta edição do CNTT, passou a ocupar uma cadeira no Conselho Consultivo da ABIT.

Também a ABTT trouxe para Fortaleza, com o apoio da ABIT e do Sinditêxtil-CE através de seu Presidente Dr. Ivan Bezerra Filho – Presidente de Honra deste CNTT, a segunda Reunião Itinerante da Frente Parlamentar Mista José Alencar da Indústria Têxtil e de Confecção, que foi realizada algumas horas antes desta cerimônia contando com a presença de centenas de participantes. Oxalá nossos governantes ouçam o que se passa na nossa indústria.

Reinaldo Aparecido Rozzatti

Do discurso no Painel "A Indústria Têxtil no Brasil", também proferido pelo presidente Reinaldo Aparecido Rozzatti, destacamos estes trechos a seguir transcritos.

A ABTT – Associação Brasileira de Técnicos Têxteis vê, com muita apreensão, o desenrolar dos acontecimentos que incidem sobre nossa indústria têxtil e de confecção.

A entrada indiscriminada de produtos importados, sejam eles quais forem, colaboram de maneira incisiva para o desestímulo de aumento do aproveitamento da capacidade industrial instalada e até para o fechamento de postos de trabalho.

Como não há políticas governamentais sérias para a fixação e ampliação do parque têxtil e de confecção brasileiro, uma vez que os ocupantes dos poderes públicos não entendem ser mais importante aumentar os postos de trabalho, buscando oferecer renda ao povo através de seu trabalho produtivo, em vez de construir estádios de futebol com dinheiro público.

Chegamos ao absurdo de alguns estados brasileiros darem incentivos fiscais à importação de produtos estrangeiros, sob a alegação de evitar o desabastecimento do mercado, que pode reconduzir o País a níveis de inflação indesejáveis.

Esquecem de reconhecer que a causa da falta de produtos nacionais para vestuário está diretamente ligada ao fechamento de postos de trabalho nas empresas brasileiras, que preferem trazer produtos acabados do exterior para atender ao aumento de demanda, em vez de aumentar sua capacidade produtiva local.

Entendemos que a indústria de confecção é a mais social de todas as atividades industriais, pois a par de todos os desenvolvimentos tecnológicos aos quais somos apresentados todos os dias, a indústria de confecção, salvo poucos setores em que a automatização é possível, necessita uma costureira atrás de cada máquina de costura para realizar a operação. E também por ser fácil e rápido o treinamento e capacitação de mão de obra, exige baixos investimentos para sua especialização.

(...)

Quantidades significativas de resíduos têxteis são descartados em lixões, prejudicando e poluindo o meio ambiente. Estes materiais têm plenas condições de ser recuperados para reutilização no processo industrial, a custo muito inferior ao da matéria-prima.

Programas de recuperação de resíduos têxteis sólidos devem ser incrementados, para que as empresas reutilizem as fibras recuperadas de substratos têxteis, pois se trata de material valioso que não deve simplesmente ser descartado.

Entendemos que precisam ser criadas normas para a entrada de produtos têxteis e de confecção importados em relação aos produtos nacionais:

- Taxar com as mesmas alíquotas (isonomia);
- Exigir o cumprimento das normas especificadas nas Leis de Etiqueta do INMETRO de acordo com a NBR ISO 3758 de DEZ 2006 e RESOLUÇÃO 02 do INMETRO de 06.05.2008 aplicada a produtos oriundos de países do MERCOSUL;
- Ampliar o número de agentes com conhecimento Técnico Têxtil para o exame das importações;
- Fiscalizar, junto ao comércio, as condições dos produtos oferecidos;
- Exigir certificação de procedência e de processo de fabricação isento de produtos que possam causar danos ao consumidor;
- O produto nacional deve receber prioridade nas aquisições governamentais;
- Incentivar o reúso de materiais têxteis.

A ABTT está preocupada com a garantia de emprego para seus associados, e em oferecer melhores perspectivas aos que estão nas escolas.

Reinaldo Aparecido Rozzatti

Aguinaldo Diniz Filho

Orgulho de ser técnico

Na condição de técnico têxtil e consciente do que essa formação me permitiu alcançar, não me privo de testemunhar o valor de sermos "doutores" no que fazemos.

Tudo começou com a escolha de estudar no Rio de Janeiro. O curso escolhido: Técnico em Indústria Têxtil, na então ETIQT – Escola Técnica da Indústria Química e Têxtil, atual SENAI/CETIQT – Centro de Tecnologia da Indústria Química e Têxtil. O objetivo: aprender com excelência o ofício e, assim, poder participar ativamente dos negócios da família.

A certeza estava presente desde o início. A ETIQT era uma escola modelo, uma referência em qualidade no ensino técnico têxtil.

Depois cursei Direito, tornei-me bacharel, mas a semente do ofício aprendido fez-se permanente. A turma, os amigos, as lembranças e vivências de estudar e formar-me em técnico têxtil perduram e são a base com a qual qualquer novo desafio se torna possível.

Hoje, 43 anos depois, o orgulho é ainda maior! Foi graças ao ensino técnico que pude aprender e atuar, gerenciar, planejar e participar do futuro da indústria têxtil brasileira. Com a credibilidade de ser um técnico têxtil, represento, hoje, na condição de presidente, a Associação Brasileira da Indústria Têxtil e de Confecção, o que me permite defender, com os colegas empresários, o desenvolvimento e a competitividade do setor. Devido ao conhecimento técnico que adquiri, tenho o prazer de presidir a mais antiga empresa têxtil nacional – Companhia de Fiação e Tecidos Cedro e Cachoeira e o Conselho Técnico Administrativo do SENAI/CETIQT, escola onde tudo isso começou.

É um com muita satisfação que participo desse momento de comemoração dos cinquenta anos da ABTT – Associação Brasileira de Técnicos Têxteis, e quero deixar aqui registrado, para o jovem brasileiro, que a formação técnica, além de gerar muito orgulho, permite realizar grandes sonhos e o trabalho que fez, faz e fará o Brasil crescer!

Alexandre Figueira Rodrigues

Pela defesa intransigente da cadeia têxtil e de confecção

Criada no início dos anos 1960, no SENAI/CETIQT, por iniciativa de professores e técnicos têxteis, a ABTT – Associação Brasileira de Técnicos Têxteis vem cumprindo importante papel na criação de programas voltados para o fortalecimento e a defesa da cadeia produtiva têxtil e de confecção brasileira.

Ao longo desses cinquenta anos, em vários momentos, a história da ABTT e da minha vida se encontraram. Na condição de aluno do SENAI/CETIQT e, posteriormente, de técnico têxtil, lembro-me de ter participado de inúmeros eventos e atividades desta Associação. Mais tarde, ocupando posições importantes nas instâncias diretivas da indústria, do SENAI/CETIQT e do SENAI Departamento Nacional, sempre procurei estimular e apoiar ações que fortalecessem o técnico têxtil e a ABTT.

Outros nomes como Luiz Gonzaga Lopes, Geraldo Xavier de Andrade, Teodomiro Firmo, Jessé A. da Silva, foram lideranças importantes neste percurso.

Hoje, sabemos que a indústria têxtil e de confecção brasileira atravessa momentos extremamente difíceis, não por falta de conhecimento técnico ou de mercado, mas pela falta de uma política governamental que contribua para o desenvolvimento de toda a indústria brasileira. Reforma tributária/fiscal, programas eficazes no campo da Educação, reforma trabalhista, logística, entre outras reformas estruturantes, são imprescindíveis.

Vejo a ABBT como um ator fundamental na luta aberta e sincera pela garantia do emprego ao profissional têxtil, colocando em pauta um amplo movimento por reformas reais que, como as citadas acima, permitiriam ao setor competir em igualdade de condições no mercado global.

Nossa cadeia produtiva precisa se organizar, tanto na reivindicação por mudanças estruturais quanto na busca de conhecimentos que nos permitam inovar e garantir a competitividade do setor, por meio do investimento em produtos de alto valor agregado.

Minha luta, em mais de 40 anos de carreira, foi para elevar a cadeia têxtil e de confecção à excelência, trabalhando pela geração de conhecimento e lutando pela infraestrutura necessária ao desenvolvimento almejado, com investimento em formação de capital humano, em estudos prospectivos e de mercado e na criação de redes e institutos que apoiassem o saber.

Para garantir seus próximos 50 anos, a ABTT precisa, por meio de sua liderança legítima, colocar ainda mais sua voz a serviço da garantia de sua existência, com a defesa intransigente da nossa cadeia produtiva.

Inspiremo-nos na perseverança, seriedade e integridade do nosso querido e saudoso apoiador José Alencar Gomes da Silva. Que sejam tais qualidades os guias para o nosso desenvolvimento.

À ABTT meus sinceros parabéns, desejando a todos muita luz e perseverança na luta por um futuro promissor!

Alexandre Figueira Rodrigues

Bruno Cezar Almada Modesto Lima

Sou casado, pai de três filhos e avô de cinco netos, as joias da minha vida que sempre me serviram de inspiração e vontade de vencer os obstáculos que a vida sempre nos reserva.

Orientado por meu pai, culto e antenado, fiz vestibular e ingressei na querida ETIQT (atual SENAI/CETIQT) em 1961 e formei-me em 1964. Anos depois, formei-me em administração de empresas (1977) pela UGF e fiz pós-graduação em engenharia econômica pela universidade Gama Filho (1978-1979).

(...)

Na ABTT, tive o prazer de ser convidado para desenvolver trabalhos visando a fortificar esse nome respeitado que agora neste ano de 2012 completa 50 anos de existência, e que tenho certeza de que ajudou muito nossa querida indústria têxtil.

(...)

No âmbito internacional, viajamos para Argentina, Peru, Equador e México, usando a mesma estratégia anterior e motivando os diretores da FLAQT a participar e trazer o maior número de participantes para o congresso, que era duplo ABTT/FLAQT.

A ABTT merece todo o reconhecimento de seus técnicos, engenheiros e químicos têxteis e, sobretudo, dos empresários, pelos relevantes serviços prestados à indústria brasileira durante meio século.

Carlos Roberto C. Feliciano•

Minha relação com a ABTT começou praticamente junto com meu primeiro emprego, em 1979, na CPIB (extinta fábrica Bangu). Primeiro como secretário do Núcleo RJ/ES, no qual, tive a oportunidade de participar de inúmeros eventos realizados nas dependências do CETIQT.

Após minha transferência para Santa Catarina, mais precisamente Blumenau, passei a fazer parte do Núcleo Sul (SC/RS/PR), onde tive a oportunidade de ocupar todas as funções existentes na Diretoria, da qual meus dois irmãos já faziam parte. Devido ao grande número de associados e à proximidade de grandes empresas têxteis da região, foi muito gratificante organizar e participar de todos os eventos que realizamos durante quase 20 anos de trabalhos dedicados à ABTT aqui no Sul. Trabalhos que culminaram com a minha escolha para presidente da comissão organizadora do XX CNTT, realizado em agosto de 2002, em Blumenau.

A princípio, fiquei muito apreensivo, devido às responsabilidades inerentes ao cargo, mas, graças ao total apoio recebido dos colegas que faziam parte da diretoria do Núcleo Sul, aceitei o cargo, e passamos a trabalhar arduamente para a realização do congresso, visto que já estávamos em janeiro e o CNTT seria realizado em agosto daquele ano.

Foi uma experiência inesquecível, e até hoje trago em minha vida pessoal e profissional muito boas recordações daquele período.

Além de ter viajado por muitas regiões deste imenso Brasil, fazendo a divulgação do congresso e contatando parceiros e patrocinadores, conheci muitas pessoas importantes dentro da cadeia têxtil nacional, assim como inúmeras empresas e entidades educacionais.

Felizmente, o XX CNTT foi um sucesso, e eu e minha equipe recebemos o reconhecimento da Diretoria Nacional da ABTT pelos trabalhos realizados. Tive, também, o privilégio de participar de vários CNTTs realizados por este Brasil afora, tais como São Lourenço, Rio de Janeiro, Blumenau, Belo Horizonte, Fortaleza e Natal.

Durante esses quase 30 anos dedicados ao trabalho voluntário à ABTT, tive o imenso prazer de conhecer e conviver com pessoas maravilhosas, que também se dedicaram e se dedicam a nossa querida Associação Brasileira de Técnicos Têxteis.

•Nasceu no Rio de Janeiro em 16 de março de 1958. É casado e pai de dois filhos. Formou-se pelo CETIQT em dezembro de 1978, e em Administração de Empresas pela FURB – Fundação Universidade Regional de Blumenau, em 1995.

Trabalhou nas empresas Fábrica Bangu, TEKA, Cia. Schlöesser, Fiação São Bento, Linhas Círculo, dentre outras.

Dante Approbato

No início da década...

Chegávamos ao Rio de Janeiro com a esperança de prestar vestibular para ingressar na ETIQT.

Com uma mala contendo os pertences pessoais e a cabeça cheia de sonhos, fomos recebidos pelos veteranos Geraldo, Grossi, Veloso, que nos deram as boas-vindas.

Paulatinamente o grupo começava a se formar e se integrar, mas eu não imaginava que aquele período em que vivemos e convivemos juntos marcaria tão profundamente minha vida.

(...)

Após a formatura...

Estágios em diversas empresas. Primeiro emprego como assistentes e assim, alguns anos após, o de técnico em diversos setores, fiação e tecelagem.

(...)

Era uma rotatividade de atividades, em unidades diferentes.

Em 1962 fui transferido para Unidade de Ribeirão Preto, em caráter definitivo, no cargo de Vice-Diretor Geral da unidade.

Com o afastamento definitivo do Diretor Geral, fui elevado a esse cargo, ocupando-o durante quatro anos.

Posteriormente, fui elevado a Diretor Geral de Produção do Grupo Têxtil e retornei a Capital São Paulo, oportunidade em que, por força do cargo, me relacionei diretamente com o Sr. Conde Francisco Matarazzo.

Durante esse período, visitava e orientava os Diretores das unidades.

Foram mais de quatro anos de contatos saudáveis com um empresário que, além de ser o mais poderoso na sua época, era o símbolo do homem humilde, ponderado, equilibrado e de imensas virtudes.

Com a sua morte, encerrou-se a fase do período econômico do Grupo Matarazzo e a decadência da indústria Têxtil no Brasil.

Permaneci residindo em Ribeirão Preto, trabalhando com assessoria e consultoria a diversas empresas.

Em 1992 fui convidado, pelo prefeito de Ribeirão Preto, para ocupar o cargo de Diretor Superintendente da empresa de Transporte Urbano de Ribeirão Preto.

Transferido posteriormente para o cargo de Diretor da Companhia de Desenvolvimento de Ribeirão Preto, oportunidade em que desenvolvi diversos projetos.

Aposentei-me e continuei minhas atividades de assessoria e consultoria.

Durante as atividades profissionais, complementei os estudos com cursos superiores – Administração de Empresas, Economia, Escola Superior de Guerra – e aos 78 anos, resolvi prestar vestibular na USP – Universidade de São Paulo em São Carlos, onde consegui entrar e estou frequentando o curso de Pós-graduação de Engenharia de Transporte e fazendo parte como membro da USP-NEST – Núcleo de Estudos de Segurança no Trânsito da Universidade de São Paulo.

José Carlos Dalles

Na minha ótica, a ABTT cumpriu duas missões muito importantes, a saber: técnica e social.

A primeira diz respeito aos congressos realizados a cada dois anos, como também às palestras, que dão a oportunidade de nos atualizarmos com o que há de mais moderno na indústria têxtil e proporciona interagir com colegas de outras regiões do País.

Quanto à segunda, esta tem sido o elo dos amigos técnicos que geralmente só encontramos nos congressos ou em outras reuniões da ABTT. E a criação dos núcleos regionais também foi uma ação muito importante.

Em suma, a indústria têxtil brasileira deve muito à ABTT, que tem sido uma ferramenta importantíssima para o seu progresso. Por isso, conclamo aos empresários a darem mais apoio a estes abnegados que fazem a ABTT, principalmente o financeiro. Reflitam sobre como é difícil e dispendioso organizar um congresso, e os nossos têm alcançado impecáveis sucessos, um atrás do outro.

Parabéns aos que fazem a ABTT. Agradeço também à ABIT, à FIES e ao SENAI pelo suporte prestado.

José Clarindo de Macedo

Quando a ABTT foi fundada, em Novembro de 1962, nossa Sintequímica tinha apenas oito anos, nascida em 4 de Fevereiro 1954, em Olinda, PE. Assim, tivemos o privilégio de poder conviver com esta nossa ABTT durante todos esses cinquenta anos. A Sintequímica fez sessenta anos em 2011 e o privilégio foi devido aos nossos fortes laços de amizade, profissionalismo e participação ativa nos eventos programados tanto em congressos como em feiras e palestras apoiados e organizados pela nossa ABTT.

Fomos homenageados no XXI CNTT de Natal ocorrido em 7 de setembro de 2004, ocasião em que recebemos a placa comemorativa por nossos cinquenta anos, que guardamos com muito carinho em nossos arquivos.

Somos diretores da Sintequímica do Brasil, porém, antes de tudo, somos Químicos e técnicos têxteis, sem o que nada teria acontecido. Portanto, nossos agradecimentos a essa nossa Associação Brasileira de Técnicos Têxteis e aos seus diretores.

Recebam nossa consideração e respeito pelos cinquenta anos conquistados, sempre criando oportunidades aos associados, oferecendo educação, conhecimento e serviços com padrões de excelência, em clima de confraternização e amizade.

Luiz Pereira Netto

Prezados amigos

Como depoimento é um testemunho (segundo nosso Aurélio), envio o meu, em poucas palavras.

Participei como aluno técnico têxtil da nossa inesquecível ETIQT – SENAI, estudando, trabalhando nas oficinas, participando de horas de lazer etc. Fins de tarde no bar da D. Maria, jogando conversa fora. Fui membro do nosso centro de alunos – CAETÊS – realizando atividades esportivas e sociais, quando se pensou que, após nossa formatura, deveríamos ter uma entidade de classe para representar o técnico têxtil no cenário nacional das indústrias têxteis. Foi assim que criamos nossa estimada ABTT, em 2 de novembro de 1962.

Neste exato momento, lembro-me do nosso amigo Teodomiro, que foi um homem de belíssima inteligência que colaborou muito com a ABTT. Outros grandes colaboradores trabalharam muito para o êxito da ABTT; prefiro não citar nomes, pois a lista é muito extensa e posso cometer alguma indelicadeza.

Ao completarmos cinquenta anos convivendo com nossa grande e importante ABTT, tenho a agradecer e lembrar somente belos momentos com as realizações dos nossos Congressos, reconhecidos em todo o Brasil, América Latina e Europa, porque não dizer, em todo o mundo. A ABTT é um elo de confraternização dos técnicos têxteis que sempre enalteceu os profissionais têxteis e criou oportunidades.

As indústrias têxteis agradecem a existência da ABTT.

Manoel Zauberman

Estávamos no início da década de 1960, o mundo se recobrava da hecatombe da segunda guerra mundial, a Europa Ocidental e o Japão se recuperavam materialmente e economicamente, enquanto a Europa Oriental e a União Soviética se digladiavam com os Estados Unidos no auge da guerra fria.

A Indústria brasileira se modernizava, e em especial a têxtil procurava se atualizar com os avanços que as novas tecnologias desenvolvidas nos Estados Unidos e Europa, começavam a ser adotadas pelo setor têxtil brasileiro.

(...)

Nesta efervescência em que as ideologias se manifestavam, o movimento estudantil da ETIQT passa a se organizar e visionários e idealistas como o Teodomiro, Waumy, Julio Caetano e Ingo Shimura e vários outros dão início à formatação da ABTT, inicialmente como órgão que aglutinasse os alunos do ETIQT e, mais adiante, com a formatação de ABTT, órgão que iria congregar, agregar e defender os interesses de seus associados, os Técnicos Têxteis de todo Brasil, e em seguida como propulsor político, tecnológico e Institucional da Indústria Têxtil Brasileira, através de workshops e dos 25 congressos nacionais de Técnicos Têxteis, iniciado em Belo Horizonte no ano de 1964 e o próximo a se realizar em São Paulo, comemorando o XXV (Jubileu de Prata) dos congressos realizados, além da coparticipação nas várias conferências nacionais de tecnologia têxtil e confecção organizadas nas dependências do CETIQT.

Em todos estes eventos, congressos, feiras, conferências, tanto nacionais quanto regionais que a ABTT realizou nestes primeiros cinquenta anos de atividades contínuas e profícuas, a Inpal sempre esteve atuante e presente, através de stands promocionais nos congressos e conferências, seja participando ativamente apresentando trabalhos e inovações técnicas, como promovendo a vinda de especialistas do exterior para apresentarem os últimos desenvolvimentos ligados à química têxtil, e habitualmente publicando edições especiais por ocasião dos congressos e conferências têxteis o *Informativo Inpal*, sempre homenageando os patronos e presidentes dos congressos, além de trazer as últimas novidades tecnológicas ligadas ao setor têxtil.

(...)A ABTT nestes cinquenta anos, teve e tem fortalecido a pulsante cadeia têxtil brasileira, onde grandes empresas têm, nas suas mais importantes funções diretivas, técnicas e comerciais, técnicos têxteis em constante interação com a ABAM, que institucionalmente e politicamente participa dos interesses comuns e maiores do setor têxtil.

A INPAL acompanha, apoia e participa de todos os eventos da ABTT e parabeniza a entidade pela passagem de seu Jubileu de Ouro.

Maria Lúcia Lindgren Alves*

1960. Quase uma menina, com dezesseis anos ingressei na ETIQT, como a escola era chamada na época. Fiz o curso completo de Técnico Têxtil em quatro anos de horário integral, quando então tive a oportunidade de acompanhar a fundação da ABTT em 1962.

Logo de saída apaixonei-me pela escola e pelo curso. Foram quatro anos muito marcantes na minha vida. Por um lado, tendo oportunidade de aprender tudo que se relaciona com a indústria têxtil, desde o plantio do algodão e/ou fabricação de fibras artificiais até a comercialização do tecido, foi uma experiência das mais interessantes. Por outro lado, porém, tive que abrir caminho numa profissão que até então era privativa do sexo masculino, e, nesse sentido, tive apoio de alguns e restrições de outros.

Quando terminei o curso, trabalhei durante um ano e meio na antiga fábrica de tecidos Corcovado, no Rio de Janeiro. Casei-me então com Raimundo Alves, também técnico têxtil, e nos mudamos para São João Del Rei, em Minas, onde meu marido foi gerente da Fábrica São Joanense; nesse período, fundei a Malhas Élicla, malharia que chegou a produzir quarenta camisas por dia e funcionou de 1967 a 1970.

Passei, então, muitos anos apenas cuidando de minha família e fazendo outros cursos. Hoje, com 68 anos, trabalho há dezoito anos na Texconsult Assessoria Consultoria Negócios, em Belo Horizonte, empresa de consultoria na área têxtil, montada por meu marido em 1994.

Durante todos esses anos, sempre participei dos congressos da ABTT. Tenho muito orgulho de ter sido a primeira mulher técnica têxtil da América Latina, e, desta forma, ter contribuído para abrir caminho para tantas outras que hoje desempenham tão bem suas tarefas em nossas indústrias.

* Primeira mulher formada no ETIQT (atual SENAI/CETIQT).

SENAI/CETIQT – Centro de Tecnologia da Indústria Química e têxtil

Com mais de 60 anos de existência, o SENAI/CETIQT mantém seu compromisso com a busca pela inovação e o pioneirismo. A nossa história começa em 1943 com a criação da Escola Técnica Federal de Indústria Química e Têxtil (ETIQT), que depois se transformaria Centro de Tecnologia da Indústria Química e Têxtil (CETIQT), administrada pelo Serviço Nacional de Aprendizagem Industrial (SENAI) e pela Confederação Nacional da Indústria (CNI). Como não existiam especialistas brasileiros nesta área, era preciso qualificar recursos humanos e os resultados não tardaram a aparecer: em março de 1949, foi dado início ao primeiro curso técnico em indústria têxtil do País. A partir de então, o saber da indústria têxtil começou a ter as cores do Brasil.

Em 1979, o ETIQT se transformou no primeiro centro de tecnologia do sistema SENAI – o CETIQT – ampliando a sua atuação nas áreas de educação, informação, pesquisa aplicada e consultoria tecnológica, consolidando assim a sua vocação primeira: a formação de capital humano, contribuindo, deste modo, para o desenvolvimento econômico e social do Brasil. O SENAI/CETIQT gera emprego, renda e, acima de tudo, ideias.

Hoje, o SENAI/CETIQT é o principal centro formador de recursos humanos para a cadeia têxtil e confecção brasileira, é reconhecido pela comunidade empresarial como referência para o futuro da indústria deste setor. Oferece cursos técnicos, de extensão e cursos à distância, assim como graduação e pós-graduação, possui núcleos de pesquisas, tecnologia, design e laboratoriais e presta serviços de consultoria para a cadeia de confecção e moda.

Mas o SENAI/CETIQT quer mais, quer continuar trabalhando para permanecer à frente de tecnologias revolucionárias aplicadas à indústria têxtil, tais como, a ciência dos polímeros, a nanotecnologia, a biotecnologia e o design de superfície. O SENAI/CETIQT pesquisa a aplicação de novas tecnologias para trazer o futuro para dentro de sua casa, da sua vida, porque para o SENAI/CETIQT a busca pela Inovação e o compromisso de se reinventar permanentemente são fundamentais.

SENAI 70 ANOS

Iniciativa da CNI - Confederação Nacional da Indústria

Escola SENAI "Francisco Matarazzo"

Histórico da Escola

A Escola iniciou suas atividades em 1 de março de 1958, no bairro do Brás em São Paulo, com o nome de Escola Técnica Têxtil, sendo a primeira unidade do SENAI de São Paulo a dedicar-se à educação profissional técnica de nível médio. Ainda em 1958, o Conde Francesco Matarazzo foi escolhido como patrono da Escola, e em 1 de maio de 1959 foi inaugurada oficialmente com o nome de "Escola Técnica Têxtil Francisco Matarazzo".

Na época, destacava-se das demais unidades do SENAI por sua arquitetura vertical disposta em três blocos, em uma área construída de 19.344 m^2.

Nos primeiros anos de implantação, o Curso Técnico era desenvolvido em três séries anuais, com componentes curriculares de educação geral e outros de formação técnica especial e um semestre de estágio na indústria. Com o decorrer dos anos, o curso sofreu alterações de carga horária, sem, entretanto, apresentar mudanças significativas na estrutura curricular e na sua organização.

Em 1964 a FIESP e a Faculdade de Engenharia Industrial PUC-USP firmaram um convênio para a realização de um curso especial de três anos, para formação de engenheiros têxteis e a Escola seria responsável pela prática profissional desse curso. Em 1974, passou a oferecer a Habilitação Profissional com disciplinas de formação especial em seu currículo.

Em junho de 1981, com o nome de Escola SENAI "Francisco Matarazzo" e autorizada pelo Parecer CEE n.º 970, mudou-se para o Cambuci, em uma área de aproximadamente 2.500 m^2. Saía de uma instalação completa de oficinas e laboratórios, com 17.000 m^2, para um espaço consideravelmente menor, com instalações limitadas. Os ambientes foram remanejados, e boa parte dos equipamentos não foi transferida.

Esta condição permaneceu durante vinte e três anos, provocando um afastamento entre a Escola e empresas do setor, pois não conseguia atender às necessidades da cadeia produtiva. A Escola mantinha um único atendimento, oferta de técnicos. O espaço e a carência tecnológica não permitiam a ampliação dos atendimentos, comprometendo os resultados operacionais e financeiros, sempre abaixo da média das demais unidades.

A partir de 1999, o Curso Técnico Têxtil foi reformulado para atender a legislação em vigor e, em 2004, foi aprovado um novo Plano de Curso estruturado por competências. A definição do perfil profissional para este novo curso foi elaborada por um comitê técnico setorial, composto por representantes da indústria, órgãos de classe e instituições correlatas. Em 2006 uma comissão composta por representantes da Escola e Técnicos em Educação da Gerência de Educação do SENAI, revisou o Plano de Curso, elencou algumas necessidades de ajustes baseados no desenvolvimento do anterior e, após apreciação da Diretoria Técnica e Auditoria Educacional, passou a ter nova vigência.

Em 2004, com o projeto de modernização, a Escola retornou ao bairro do Brás, com ambientes de ensino remanejados para se ter melhores condições de atendimento às demandas do setor têxtil. Em 09 de dezembro de 2004, com a presença do presidente da FIESP, de representantes do setor têxtil e do SENAI-SP, da comunidade e de alunos, a Escola foi oficialmente reinaugurada.

Agradecimentos

A todos aqueles que nos incentivaram a entrar e perseverar nesta profissão, e que possibilitaram que a ABTT alcançasse esta importante data.

A ABTT – Associação Brasileira de Técnicos Têxteis agradece a todos que tornaram possível a concretização do projeto de edição deste livro, que buscou contar as realizações de nossa associação, e um pouco de cada um dos que dela fizeram parte.

Agradecimento especial às empresas e entidades que acreditaram na seriedade do projeto de edição deste livro histórico:

- ABIT – Associação Brasileira da Indústria Têxtil e de Confecção,
- SINDITÊXTIL-SP – Sindicato da Indústria de Fiação e Tecelagem em geral; de Tinturaria, Estamparia e Beneficiamento; de Linhas; de Artigos de Cama, Mesa e Banho; de Não-Tecidos e de Fibras Artificiais e Sintéticas do Estado de São Paulo,
- COTEMINAS S/A,
- FCEM – Feiras, Congressos e Empreendimentos Ltda.,
- INPAL S.A. Indústrias Químicas,
- TRÜTZSCHLER Indústria e Comércio de Máquinas Ltda.,
- VICUNHA Têxtil S/A.

Nosso muito obrigado a todos que se envolveram anonimamente neste projeto, esforçando-se em pesquisar documentos, trazer informações importantes para a editoração, enfim dedicando seu precioso tempo a esse trabalho.

Agradecemos a Profa. Ms. Maria Liliana Inés Emparan Martins Pereira, que atendendo ao incentivo deste projeto idealizado pelo Presidente João Luiz Martins Pereira durante sua gestão, escreveu parte de nossa história, texto que está reproduzido na íntegra.

Nós da ABTT só podemos dizer de coração

MUITO OBRIGADO!

REINALDO APARECIDO ROZZATTI
Presidente da ABTT

WAUMY CORRÊA DA SILVA
Presidente da Comissão de Comemoração do
Cinqüentenário da ABTT

PRESIDENTES DA ABTT

Geraldo Xavier de Andrade (falecido) 1962/1964

Hélcio Gomes Ribeiro (falecido) 1968/1970

Hélio da Conceição Camillo 1990/1992

Jessé Antônio e Silva (falecido) 1976/1978 - 1978/1980 - 1984/1986 - 1986/1988 - 1988/1990 - 1996/1998 - 1998/2000 - 2000/2001

João Luiz Martins Pereira 2004/2006 - 2006/2009

Júlio Caetano Horta Barbosa Cardoso 1974/1976

Luiz Alberto Rodrigues 2001/2002 - 2002/2004

Luiz Barbosa da Fonseca Lima 1980/1982

Reinaldo Aparecido Rozzatti 2009/2010 - 2011/2013

Ricardo da Silva Haydu 1982/1984

Rodrigo Otávio Nogueira 1992/1994 - 1994/1996

Teodomiro Firmo Silva Neto (falecido) 1964/1966 - 1966/1968 - 1970/1972 - 1972/1974

PRESIDENTES DE CONGRESSOS

Aristides Mario Rache Ferreira (falecido) 1964/MG

Bruno Cezar Almada Modesto Lima 1982/RJ

Carlos Leite Barbosa Pinheiro (falecido) 1980/CE - 1984/SP

Carlos Roberto Coelho Feliciano 2002/SC

Edegar Michel 1978/SC

Edson Augusto Sales 1994/BA

Hélio da Conceição Camillo 1990/SC

Ieris Ramalho Cortês 2004/RN

Roland Döhler 1968/SC

Jessé Antônio e Silva (falecido) 1976/MG - 1986/MG - 1996/MG

João Carlos Lebre 2011/CE

João Luiz Martins Pereira 2009/SP

João Pedrosa Castelo 1962/RJ - 1970/MG

Luiz Barbosa da Fonseca Lima 1988/PE - 1992/RN - 2006/PE

Margarida Maria Melo Pereira 2000/CE

Maria Adelina Pereira Galhani 1998/SP

Nilton Guimarães de Barros 1974/RJ

Roberto Armando Grossi 1966/SP

Yugi Hatayama (falecido) 1972/PE

Fundadores da ABTT

Nomes e data de formatura

1. Rômulo de Matos Ferreira Diniz, 1960
2. Francisco Pedro dos Santos, 1958
3. Gustav Robert Fried, 1951
4. Prof. Claudio Vieira de Carvalho, 1951
5. Prof. Luiz Gonzaga Lopes, 1951
6. Jose Lopes Siqueira, 1951
7. Iolando Santana, 1951
8. Prof. Lucio Geraldo Taboada Tenan, 1952
9. Dirceu Amauri de Miranda, 1952
10. Henrique Nishida,1951
11. Jessé Antonio e Silva, 1952
12. Nelson Lobo de Lima, 1956
13. Dante Aprobato, 1955
14. João Carlos Leite Ribeiro, 1956
15. João Calheiros Ramos, 1956
16. Tibério Sá Maia, 1958
17. Leodir Marinho, 1959
18. Itaro Nakamura (SP), 1961
19. Onildo Farias, 1961
20. Alberto de Souza Cruz, 1959
21. Jose de Ribamar Moraes, 1958
22. Valdir Bernardes de Assis, 1960
23. Adonias Amparo Filho, 1961
24. Celso Valente Campelo, 1960
25. João Batista Bastos, 1956
26. Jorge Ernesto Edelstein, 1954
27. Dirceu Lettiere, 1959
28. Guido Jacob Mayer Bauer, 1954
29. Arlindo de Oliveira Lemongi, 1961
30. Prof. Teodomiro Firmo Silva Neto, 1953
31. Luiz Jose Monerat, 1956
32. Luiz Carlos Pestana, 1958
33. João Pedroso Castelo, 1952
34. Clother Galvão, 1957
35. Prof. Waumy Corrêa da Silva, 1958
36. Maurilio Abreu de Oliveira, 1961
37. Ginfranco Colgnaghi, 1956
38. Carlito Candido Ribeiro, 1960
39. Paulo Batista de Andrade, 1957
40. Rui Gomes Leite, 1957
41. Prof. Daltro Rangel Pessanha, 1953

42. Gino Leo, 1961
43. Florindo de Azevedo Costa, 1961
44. Edilson Cardoso dos Santos, 1958
45. Roland Dohler, 1957
46. Julio Caetano Horta Barbosa Cardoso, 1960
47. Ingo Dohler, 1961
48. Leomar Abrahão Richa, 1960
49. Mauro Pietro de Miranda, 1960
50. Romulo da Costa Matos Junior, 1962
51. Antonio Mauro Barbariolli, 1960
52. Liber Guevara, 1958
53. Alex Medina, 1960
54. Malguvem da Costa Medeiros, 1960
55. Edgard Egon Doring, 1960
56. Prof. Geraldo Xavier de Andrade, 1952
57. Rosindo Pereira Lobo, 1960
58. Edno de Oliveira Tavares, 1959
59. Mathusalen Boris Casiuch, 1956
60. Alzeniro Pinheiro de Souza, 1960
61. Ernesto Pricken, 1956
62. Manoel Osterne Torres de Vasconcelos, 1957
63. Ciro de Almeida Portas (SP), 1961
64. Fernando Rodolfo Maria Jose Kunz, 1960
65. Mauricio Silfert Brun, 1958
66. Prof. Bohdan Matvienko Sikar, 1954
67. José Mello Campos, 1961
68. Silvio Torres de Sá, 1957
69. Milton Guiguer (SP), 1961
70. Francisco Serapião de Aguiar (SP), 1961
71. Bruno Junqueira Reis, 1961
72. Paulo Cesar Souza da Costa, 1962
73. Prof. Henrique Mariani,
74. Nelson dos Santos (SP), 1961

Abit – mais força para o setor e para o Brasil

Fundada em 1957, a Associação Brasileira da Indústria Têxtil e de Confecção (Abit) representa hoje a força produtiva de cerca de 30 mil empresas instaladas em todo o território nacional que, juntas, empregam mais de 1,7 milhão de trabalhadores e movimentam US$ 67 bilhões a cada ano.

Sediada no centro da capital paulista, a Abit mobiliza não só empresários e representantes do setor, como também recorre a autoridades públicas, consultores, economistas e formadores de opinião em prol do desenvolvimento de todos os elos da cadeia têxtil do País. Hoje, o Brasil é dono de um dos maiores parques industriais do mundo, sendo o segundo maior produtor de denim e o terceiro na produção de malhas. Por isso, com o objetivo de fortalecer a indústria brasileira como referência mundial em competitividade e tecnologia, a Abit trabalha para defender os interesses do setor e aumentar sua presença junto a órgãos governamentais e outras entidades nacionais e internacionais.

Além de promover o reconhecimento do setor, uma das grandes preocupações da Associação é a luta para obter condições justas para o empresário têxtil brasileiro competir com a produção internacional, além de construir um cenário interno favorável e economicamente estimulante. Para tanto, a Abit investe em ações de defesa comercial junto aos poderes executivos e legislativos da Federação, para reverter o prejuízo que as importações predatórias têm causado aos produtores nacionais.

Paralelamente a medidas como essa, a Abit investe também na capacitação de empresários e trabalhadores do setor e, portanto, reconhece a grande importância da ABTT como maneira de promover a integração entre profissionais atuantes em diversos setores da cadeia têxtil.

A Abit conta com a atuação da ABTT para a promoção de um espaço aberto à troca de experiências, possibilitando o surgimento de ideias que impulsionem cada vez mais processos inovadores de produção. Além disso, acompanhando o trabalho da Abit de expandir continuamente a atuação da indústria nacional no cenário externo, é de enorme valia o trabalho da ABTT no sentido de promover o contato entre profissionais brasileiros e de outros países, assim ampliando a visão do setor em sua totalidade.

Aguinaldo Diniz Filho,
Presidente da Abit

A N O S | FEIRAS E CONGRESSOS

O MERCADO AO SEU ALCANCE

Duas décadas acreditando no setor têxtil

Há 20 anos no mercado, a FCEM é uma empresa brasileira especializada na organização de feiras e eventos. Embora o trabalho não se restrinja a apenas um setor, desde o lançamento da Febratex - Feira Brasileira para a Indústria Têxtil, a empresa passou a construir uma relação muito próxima do setor têxtil, acreditando e investindo no seu potencial.

Com matriz em Porto Alegre (RS) e filiais na cidade de São Paulo (SP) e em Fortaleza (CE), a FCEM tomou pra si a iniciativa de realizar grandes eventos para o setor, promovendo a união de todos os segmentos da cadeia produtiva têxtil, sempre primando pela excelência no atendimento aos expositores e visitantes, profissionalismo, honestidade e pelas boas parcerias.

Hoje a empresa realiza quatro feiras já consolidadas e voltadas para a indústria têxtil, a Febratex (SC), Tecnotêxtil / Seritex (GO), Tecnotêxtil Brasil (SP) e a Maquintex (CE). Em 2013, voltada para o setor têxtil, a FCEM lança a Agreste Tex em Caruaru (PE).

Para que os expositores tenham resultados positivos, garantindo credibilidade a cada novo projeto, a FCEM sempre busca conhecer e pesquisar com antecedência as reais potencialidades de cada região.

Além do espaço para exposição de máquinas e equipamentos para a indústria, a FCEM promove ainda eventos paralelos às suas feiras, incrementando seus projetos e contribuindo para a união dos diversos elos da cadeia produtiva têxtil. Foi assim que surgiu o Brasil Fashion Designers, concurso voltado para estudantes e recém-formados dos cursos de design e moda das diversas regiões do Brasil, além dos Seminários e Congressos Têxteis, sempre promovidos pela ABTT (Associação Brasileira da Indústria Têxtil), em um esforço único para fortalecer e dar destaque a um setor, que é responsável por cerca de 3,5% do PIB nacional.

Mais que um grande parceiro, a ABTT é uma grande entidade, que luta pelos direitos da indústria têxtil como um todo. Defensora incansável do setor, a ABTT ainda promove o intercâmbio de ideias e experiências não só entre os seus associados, mas com profissionais têxteis de outros países e com a sociedade.

Em 2012, a ABTT está completando 50 anos. E a nós, da FCEM, só resta dizer, muito obrigado: pela parceria, pela luta diária por um mercado mais justo e pela grande atuação.

Que venham os próximos 50 anos !

Hélvio Pompeo Madeira

Diretor-presidente do Grupo FCEM

A INPAL S.A. INDÚSTRIA QUÍMICA se associa com muita satisfação e orgulho com a ABTT pela passagem dos seus primeiros cinquenta anos de vibrante e construtiva participação na cadeia têxtil nacional.

Essa efeméride tem significado especial pela liderança e bons serviços que os técnicos têxteis prestam à indústria têxtil, nos variados segmentos em que atuam.

A INPAL e a ABTT estiveram sempre juntas nos eventos técnicos e associativos, podendo oferecer ao mercado têxtil nesses 53 anos de atividades contínuas as inovações nos setores de engomagem, preparação, tinturaria e acabamento, que colocaram a indústria têxtil brasileira à frente das tecnologias ligadas à química têxtil.

INPAL QUÍMICA

Sinditêxtil SP

Sinditêxtil-SP – Na história de São Paulo

O Sindicato das Indústrias de Fiação e Tecelagem do Estado de São Paulo (Sinditêxtil-SP) é uma das mais antigas e importantes entidades têxteis do País. Fundado em 1932 e sediado no centro da capital paulista, o Sinditêxtil-SP reúne empresas que, juntas, representam mais de 30% do parque têxtil do Brasil e movimentam cerca de US$ 19 milhões a cada ano.

Com o objetivo de coordenar e fortalecer a cadeia produtiva têxtil do estado de São Paulo, o Sinditêxtil-SP organiza também de Comissões Setoriais para defender os interesses específicos de cada segmento e, hoje, conta com Comissões de Linha de Costura, Cama Mesa e Banho, Cobertores e Mantas, Lar e Decoração, Tecelagem plana, Tinturaria, Fiações, entre outras.

Além disso, como representante legal das indústrias do Estado, o Sindicato investe na discussão de questões socioambientais da produção, mantém uma política alinhada aos demais sindicatos têxteis do Brasil e trabalha para aumentar a presença do setor junto aos órgãos de governos municipais e estadual, a fim de obter condições favoráveis à produção têxtil do Estado.

Abrigando o maior polo industrial têxtil do País - a Região do Polo Têxtil de Americana, o estado de São Paulo emprega mais de 500 mil pessoas envolvidas diretamente com o setor. Por isso, o Sindicato preocupa-se também em amparar os profissionais da área, investindo em parcerias com grandes centros de pesquisa nacionais e internacionais e com a Universidade de São Paulo, para estimular o aprimoramento da capacidade produtiva e ainda o desenvolvimento de técnicas de produção.

Por sua ampla atuação, o Sindicato reconhece a enorme importância do trabalho da ABTT que, através da promoção de espaços abertos à troca de ideias e experiências profissionais, possibilita a integração entre trabalhadores brasileiros e estrangeiros de diversas áreas do setor, incentivando o surgimento de inovações e aprimorando seu entendimento a respeito da indústria têxtil em toda a sua dimensão.

Alfredo Emílio Bonduki,
Presidente do Sinditêxtil-SP

Sinditêxtil-SP

80 anos de luta pelo setor

TRÜTZSCHLER do Brasil

No ano de 1977, a Trützschler fundou a sua filial brasileira em Curitiba-PR. Seguindo a tradição da matriz, com mais de 100 anos de existência, a filial de Curitiba desenvolveu-se de modo contínuo, tornando-se uma unidade fabril eficiente e moderna, o que resultou em uma posição de liderança no mercado brasileiro.

A troca de informação técnica e tecnológica entre matriz e filial é constante, possibilitando que todos os projetos de instalações de preparação para a fiação feitos no Brasil mantenham uma estreita sintonia com aqueles desenvolvidos na Alemanha. Além disso, a preocupação com a linha de produtos de alta qualidade e tecnologia, a parceria com os clientes e a assistência técnica abrangente são também princípios da estratégia de mercado da unidade curitibana da Trützschler.

Dessa forma, durante 35 anos, mais de 1.000 instalações completas, 3.500 cardas, 1.000 passadores e mais de 200 filtros foram colocados em operação no Brasil pelos profissionais de montagem. Essas máquinas trabalham a pleno contento dos clientes com o apoio da assistência técnica da Trützschler do Brasil.

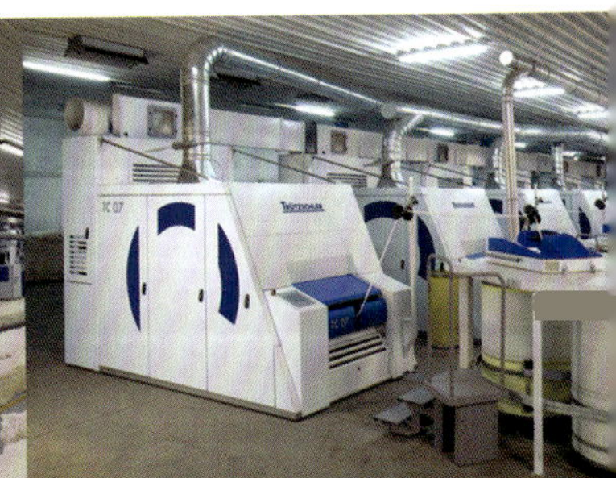

Fábrica Brasil

O sucesso dos produtos da Trützschler do Brasil é resultado de um rigoroso conceito de qualidade que se traduz em um processo avançado de produção. Para acompanhar o conceito de integração mundial do grupo, a fábrica do Brasil segue todos os avanços da tecnologia e automação com um parque industrial perfeitamente comparável ao de sua matriz na Alemanha e ao das melhores indústrias internacionais.

Como resultado, as máquinas aqui produzidas possuem os mesmos padrões tecnológicos da matriz alemã.

Fábrica Matriz

Na Alemanha, além dos tradicionais equipamentos para a preparação da fiação, nos últimos anos duas novas áreas de negócios foram integradas e hoje totalmente consolidadas. São estas:

- Linhas completas para produção de não tecidos.
- Guarnições rígidas e flexíveis para as mais diversas aplicações têxteis.

Projetos

A Trützschler do Brasil desenvolve projetos completos de fiações e instalações para não tecidos, conforme a necessidade dos seus clientes. Dessa forma, ela realiza ensaios tecnológicos para adequar cada projeto à realidade específica de cada um. Além disso, o layout de seus projetos podem incluir equipamentos de outros fornecedores, como maçaroqueiras, filatórios, bobinadeiras etc.

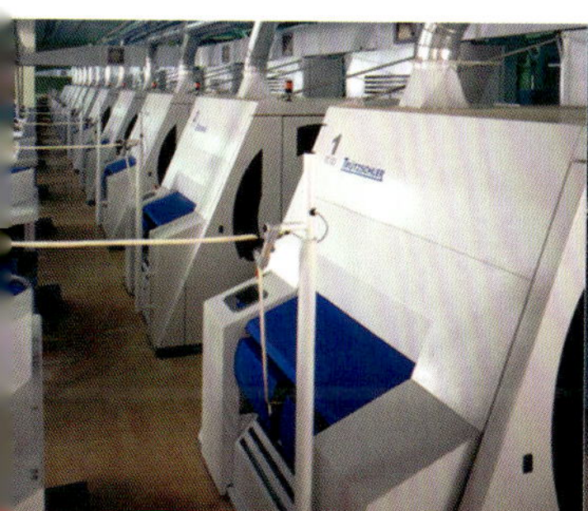

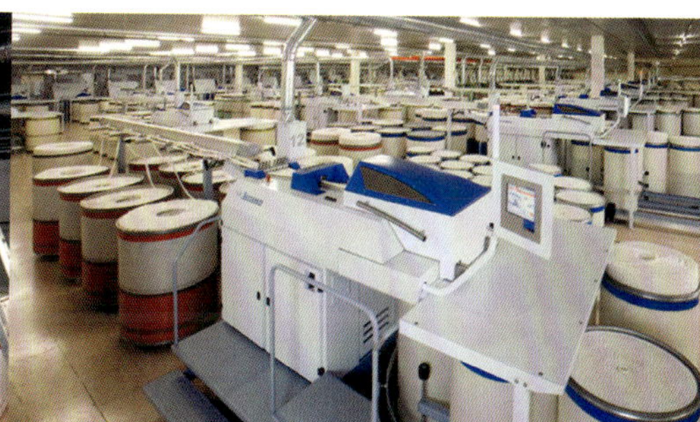

VICUNHA
TÊXTIL
super power
stretch
TECIDOS COM ALTÍSSIMA ELASTICIDADE PARA
MAIOR CONFORTO E LIBERDADE DE MOVIMENTO

Com mais de 40 anos de mercado, a Vicunha Têxtil é líder do setor de índigo e brim e está entre as maiores do mundo. A cada mês, nossos oito mil profissionais produzem mais de 15 milhões de metros de tecido, que são fabricados e comercializados pelas nossas unidades no Brasil, Argentina, Equador e Suíça. O sucesso da empresa está na capacidade de não somente seguir as demandas e necessidades do mercado, mas também em antecipar as grandes tendências de moda, lançar produtos inovadores e oferecer uma ampla gama de informações e assistência técnica para nossos clientes.

Tamanha liderança reforça nossa responsabilidade em cuidar do meio em que estamos inseridos e ajudar a minimizar os impactos ao longo da cadeia produtiva têxtil. Assim, a Vicunha se esforça em alinhar os padrões de conduta em relação aos fornecedores, colaboradores, comunidade e clientes na mesma linha de suas práticas empresariais.

Para tanto, na cadeia de suprimentos se esforça na procura por fornecedores de algodão que respeitem os trabalhadores rurais, o meio-ambiente e o futuro do setor. Somos a primeira têxtil brasileira a se associar a Better Cotton Initiative – BCI.

Nossas fábricas também contam com tecnologias que

minimizam o impacto de nossas atividades sobre o meio-ambiente, como a implantação de um avançado sistema de tratamento de água, que trata 100% da água utilizada no processo produtivo e reutiliza 70%, o equivalente a 50 milhões de litros de água por mês. Outras iniciativas que visam a sustentabilidade permitiram que a Vicunha obtivesse certificações ISO 14001 e o Selo Verde OEKO-TEX há mais de uma década.

Ao longo de nossa história, vivenciamos diversas situações que evidenciam a importância de uma instituição - como a ABTT - em prol da cadeia produtiva do têxtil e vestuário. Ao promover o intercâmbio de ideias, conhecimentos e experiências, a ABTT exerce esse papel com sucesso e contribui para o posicionamento, identidade, desenvolvimento da indústria no Brasil e, principalmente, no suporte ao desenvolvimento contínuo dos profissionais têxteis do país. Vivemos atualmente um momento bastante difícil para o setor e é hora de encontrarmos uma agenda comum e positiva para manter a indústria têxtil viva, competitiva e capaz de continuar crescendo.

Além da Vicunha ser associada à ABTT, sinto-me muito orgulhoso em dizer que fui Patrono do 24º Congresso Nacional dos Técnicos Têxteis (CNTT), promovido pela ABTT em 2011. Representando os milhares de técnicos têxteis que já passaram pelo Grupo Vicunha, faço votos que a ABTT tenha inúmeros motivos de celebração nos próximos anos.

Ricardo Steinbruch
Presidente da Vicunha Têxtil

Galeria

1. João Luiz Martins Pereira e Aguinaldo Diniz Filho
2. Rodrigo Nogueira
3. João Luiz Martins Pereira e Fernando Afonso
4. Ricardo Haydu, João Luiz Martins Pereira, Aguinaldo Diniz Filho, Antonio Berenguer, Alexandre Figueiras

1

2

3

4

5

1. Rafael Cervone Neto, Miguel Traversa, Ricardo da SIlva Haydu, Fernando Pimentel, José Neto
2. Mario Galardo, Ingo Schymura
3. João Luiz Martins Pereira, Hebe Peixoto, Leda Cardoso, Liliana Emparam Pereira
4. João Luiz Martins Pereira, Renato Leme, Paulo dos Anjos
5. Claudio França, Luiz Barbosa, Reinaldo Rozzatti, Rodrigo Nogueira, Antonio Fabelo, Carlos Peixoto

1. Vivi Haydu
2. Oscar Rache, Paulo Rache, Ricardo Keller
3. Helvio Roberto Pompeu Madeira

1. Carlito Cândido Ribeiro
2. Julio Caetano, José Ildefonso, Erivaldo Cavalcanti
3. Giovanni Frascolla, Reinaldo Aparecido Rozzatti

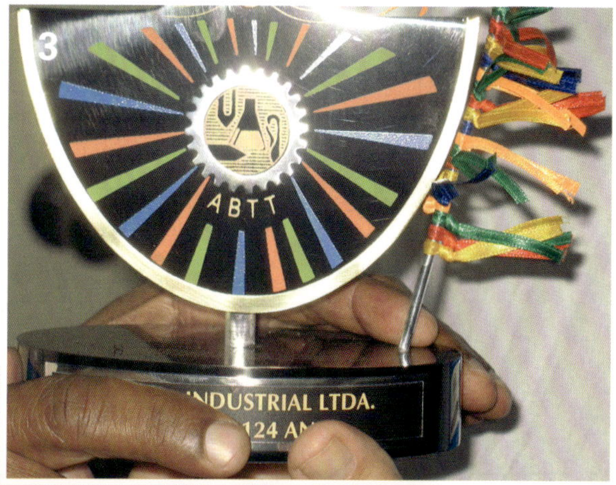

1. Iara Valente
2. Renato Leme, Rafael Cervone, Luiz Barbosa, João Luiz Martins Pereira, Liliana Emparam, Reinaldo Rozzatti, Ricardo da Silva Haydu
3. Troféu do XXII CNTT
4. Julio Caetano Horta Barbosa e Reinaldo Aparecido Rozzatti

1. Josué Gomes da Silva, Premiada, João Luiz Martins Pereira
2. Professor Waumy Corrêa da Silva
3. Senador, Vice-Presidente José Alencar Gomes da Silva, Luiz Barbosa da Fonseca Lima, Luiz Alberto Rodrigues, Reinaldo Aparecido Rozzatti

1. Ricardo Haydu, Julio Caetano Horta Barbosa, João Luiz Martins Pereira, Luiz Barbosa, Mario Galardo, Reinaldo Aparecido Rozzatti
2. Luiz Barbosa, Ricardo Haydu, José Neto, Rafael Cervone, João Luiz Martins Pereira, Cavalcanti Pessoa, Renato Leme
3. João Luiz Martins Pereira, Reinaldo Aparecido Rozzatti

1. Reinaldo Aparecido Rozzatti, João Luiz Martins Pereira, Julio Caetano Horta Barbosa, Luiz Barbosa e convidados
2. Julio Caetano Horta Barbosa, João Luiz Martins Pereira
3. José Neto, Julio Caetano Horta Barbosa